MÉMOIRES

POUR SERVIR

A L'HISTOIRE NATURELLE

DES ABEILLES SOLITAIRES

QUI COMPOSENT

LE GENRE HALICTE.

MÉMOIRES

POUR SERVIR

A L'HISTOIRE NATURELLE

DES ABEILLES SOLITAIRES

QUI COMPOSENT

LE GENRE HALICTE.

PAR C. A. WALCKENAER,

MEMBRE DE L'INSTITUT ROYAL DE FRANCE, DE L'ACADÉMIE DES INSCRIPTIONS ET BELLES-LETTRES.

Sæpè etiam effossis...... latebris
Sub terrâ fovere larem.
VIRGIL., *Georg.*, lib. IV, v. 42, 43

A PARIS,

DE L'IMPRIMERIE DE FIRMIN DIDOT,

IMPRIMEUR DU ROI, ET DE L'INSTITUT, RUE JACOB, N° 24.

1817.

MÉMOIRES

POUR SERVIR

A L'HISTOIRE NATURELLE

DES ABEILLES SOLITAIRES

QUI COMPOSENT LE GENRE HALICTE.

INTRODUCTION.

Réaumur, après avoir étudié avec soin l'industrie et les habitudes des insectes compris sous le nom général d'*Abeilles*, les avait partagés en sept groupes principaux; et ce premier résultat des travaux de ce grand naturaliste était tel, que, sur ces sept divisions, il y en a cinq qui forment aujourd'hui, dans nos méthodes perfectionnées, autant de genres naturels[1], c'est-à-dire autant de groupes d'espèces qui se ressemblent entre elles par la conformation de

(1) Kirby. — *Monographia Apum Angliæ*, t. I, p. 51.

leurs principaux organes, et par les moyens qu'elles emploient pour subsister et se reproduire. Non-seulement Réaumur avait fait voir, par des descriptions détaillées et d'excellentes figures, les formes particulières des mandibules, de la trompe, des pattes, et des aiguillons de quelques espèces principales[1], mais il avait observé les grandes différences qui existent dans les organes de la bouche de toutes les abeilles dont la trompe, dans l'inaction, a son bout fléchi en dessous et tourné vers le col, et de celles dont le bout de la trompe est dirigé en avant, et se trouve dans le repos entre les mandibules. Réaumur avait proposé d'appeler ces dernières *pro-abeilles*, et d'en former un genre différent des *abeilles* proprement dites. C'est ainsi qu'il avait posé les bases des deux grandes divisions que les meilleurs entomologistes de nos jours ont considérées comme fondamentales dans la classification de ces insectes.

Mais les sciences ne s'avancent pas toujours d'un pas égal vers la perfection, souvent elles vacillent, et

---

(1) Réaumur. — Mémoires, t. V, p. 338, Pl. 25–28, et p. 378, Pl. 29. — *Ibid.* t. VI, p. 38, Pl. 3, fig. 4–6; Pl. 4, fig. 3 et 5; p. 56, Pl. 5, fig. 5 et 6; Pl. 6, fig. 7 et 8; p. 92, Pl. 7, fig. 10 et 11; Pl. 8, fig. 1–5; p. 130, Pl. 9, fig. 6 et 7; p. 154, Pl. 12, fig. 12 et 13.

même retrogradent dans leur marche. Linné[1], dans la première tentative qu'il fit, dès le début de sa carrière, pour classer toutes les productions de la nature, resta, relativement aux insectes, inférieur à Ray, à Lister, et à Willugby, qui l'avaient précédé; et quoique depuis il ait fait de grands et heureux efforts afin de perfectionner cette partie de la zoologie, cependant il ne sut point mettre à profit les belles observations de Réaumur pour subdiviser les insectes compris sous le nom général d'*abeilles*. Ces observations de Réaumur furent également négligées par Geoffroi et les autres naturalistes qui adoptèrent la méthode de Linné.

Scopoli est, je crois, le premier des méthodistes qui ait subdivisé le genre *Abeille*[2]; ce naturaliste en forma trois genres très-imparfaitement caractérisés. Fabricius se borna à ce petit nombre de genres dans ses premiers ouvrages[3], mais il le porta dans la suite,

---

(1) *Caroli Linnei Systema naturæ*, in-fol. 1735. Linné, dans cet ouvrage, place ensemble dans la même classe les papillons, les abeilles et les mouches, et dans une autre classe, les fourmis, les scorpions, et les punaises.

(2) Scopoli. — *Introductio ad historiam naturalem*. Pragæ, in-8°, 1777, p. 409, et avant, dans son *Annus historicus quartus*.

(3) Fabricius. — *Gener. insect.* p. 125 – 128. — *Species insector* t. I, p. 472 – 488. — *Mantissa*, p. 298 – 307.

d'abord à six[1], et ensuite à seize[2]. Ces genres étaient bien loin de former des groupes naturels, et les caractères essentiels qu'on leur attribuait ne s'appliquaient pas à des objets semblables, et ne convenaient souvent qu'imparfaitement à un petit nombre des espèces qu'on y insérait : en multipliant les divisions, on avait augmenté la confusion; et les méthodes, sous ce rapport, au lieu d'enrichir la science, en embarrassaient la marche, et la forçaient à rétrograder.

M. Latreille, de même que l'illustre historien des insectes, joignant l'étude des mœurs et des habitudes à celle de l'organisation, posa les bases d'une méthode naturelle; et, en divisant, dès son début, les abeilles en deux grandes familles et en cinq genres, il marqua dans cette partie les premiers pas assurés qu'on eût fait faire à la science depuis Réaumur[3]. A l'aide des ouvrages de ce grand naturaliste, et de ses propres et nombreuses observations, M. Latreille parvint peu après à reconnaître et à caracté-

(1) *Ibid.* — *Entomol. system.* t. II, p. 302–349.

(2) *Ibid.* — *Systema Piezatorum*, p. 319–395. Dans ce dernier ouvrage, il y a plusieurs genres empruntés à M. Latreille.

(3) Latreille. — *Précis des caractères génériques des Insectes*, in-8°. Brive, p. 135–140.

riser quinze genres dans les deux grandes familles d'*abeilles*[1].

Quoique j'eusse suivi, dans mon *Histoire abrégée des insectes des environs de Paris*, la méthode de Fabricius, parce que ses ouvrages offraient le catalogue d'espèces le plus ample et le plus complet, je remarquai dans ma préface[2] la confusion des caractères que ce grand entomologiste avait assignés aux genres démembrés de la famille des abeilles, et j'adoptai, dans la classification de ces insectes, les genres plus naturels nouvellement proposés par M. Latreille[3].

Cependant, en comparant les caractères donnés par cet habile naturaliste avec ceux que m'offraient certaines abeilles mineuses dont j'avais examiné avec beaucoup de soin les mœurs et les habitudes, je m'aperçus que sa classification était encore susceptible d'être rectifiée dans quelques points, et que les abeilles que j'avais plus spécialement soumises à mes observations pouvaient sur-tout former un nouveau genre particulier, dont un des caractères essen-

---

(1) Latreille. — Ordre naturel des insectes désignés généralement sous le nom d'Abeilles. — Dans l'*Hist. nat. des Fourmis*, in-8°, 1802, p. 401.

(2) Walckenaer. — *Faune Parisienne*, t. I, p. IV.

(3) Walck. — *Faune Parisienne*, t. II, p. 100-156

tiels était, dans les femelles, un sillon longitudinal au dos du dernier segment de l'abdomen[1].

Tandis que j'imprimais en France ces premiers aperçus, M. Kirby publiait sa *Monographie des abeilles d'Angleterre*, un des ouvrages les plus remarquables qu'on eût encore vu paraître par l'étendue et l'exactitude des recherches. Je vis avec plaisir que ce nouveau genre que j'avais proposé se trouvait reconnu et parfaitement caractérisé par M. Kirby, et qu'il répondait à la quatrième division ou à la division ***b* du grand genre *Melitte* de ce savant entomologiste[2]. M. Latreille, dans le nouveau *Genera* qu'il mit au jour peu après la publication de l'ouvrage de M. Kirby[3], n'admit point encore comme genre distinct le groupe que j'avais désigné; il réunissait les abeilles qui le composent dans une division de ses *Andrènes*, avec d'autres abeilles d'un genre différent quoique voisin[4]. Mais, dans le cours de ce même ouvrage, il perfectionna son travail, et forma des abeilles, qui avaient fait le sujet de mes observa-

(1) Walck. — *Faune Parisienne*, t. II, p. 427 dans l'append.

(2) Kirby. — *Monographia Apum Angliæ*, in-8°, t. I, p. 138, et t. II, p. 19 et 51.

(3) Latreille. — *Hist. générale et particulière des Crustacées et des Insectes*, t. III, p. 372.

(4) *Nomada gibba* avec *Hyleus succinctus* de Fabricius.

tions, un genre distinct sous le nom d'*halicte;* il publia même le premier la description exacte de la plus grande des deux espèces d'halictes dont j'avais étudié l'histoire[1]; et, dans son dernier *Genera*, il développa plus en détail les caractères du genre *Halicte*, et donna les noms des espèces d'abeilles les plus remarquables, et les mieux connues, qui sont comprises dans ce genre[2].

Le nombre des espèces du genre Halicte, qui se trouvent en Angleterre, et qui ont été décrites par M. Kirby, est de vingt-quatre. La collection de M. Latreille renferme plus de quarante espèces de ce genre, en y comprenant celles qui sont étrangères à l'Europe; et il est probable qu'on en décrira par la suite un bien plus grand nombre.

Par un bonheur singulier, les deux espèces dont j'ai observé les mœurs et les habitudes, sont la plus grande de nos indigènes et une des plus petites; ces deux espèces creusent toutes deux leurs habitations dans la terre; mais, comme ces habitations diffèrent beaucoup entre elles, il est évident que les abeilles

---

(1) Ibid. *Hist. génér. des Crust. et des Insect.* t. XIII, p. 364.

(2) Latreille. — *Genera Crustaceor. et Insector.* in-8°, 1809, t. II, p. 153, et t. IV, p. 387. « Generis illius characteres plurimos « jam animadvertit dom. Walckenaer, et Halicti 4-strigati (ni « fallor) mores exploravit. »

qui les construisent, quoique du même genre, doivent appartenir à des races, ou à des petites familles, différentes, et que le genre halicte doit être encore subdivisé en plusieurs sections ou sous-genre; car une variation notable dans les habitudes n'existe jamais sans des différences sensibles dans l'organisation. Mais ces subdivisions plus ou moins multipliées, qu'on peut établir dans un genre, qui donnent le dernier degré de perfection aux méthodes, et impriment tant de certitude et de clarté à la description des espèces, doivent être l'ouvrage de longues et subtiles observations; il faut pour cela être en état de donner une monographie du genre qu'on veut subdiviser, et pouvoir distribuer toutes les espèces dans les subdivisions qu'on a remarquées; sans quoi les caractères des coupes qu'on aura voulu établir seront incomplets ou erronés, et embrouilleront la science au lieu de l'éclaircir. Or je suis loin de pouvoir donner une monographie du genre halicte.

Mais, dans un premier mémoire, je décrirai les mœurs et les habitudes de la plus petite des deux espèces, que j'ai particulièrement observée, qui me paraît être la variété γ de la *Melitta fulvo-cincta* de M. Kirby[1], mais qui, ainsi que l'avait remarqué cet

(1) Kirby. — *Monographia Apum Angliæ*, t. II, p. 69.

auteur, forme une espèce distincte, que je désignerai sous le nom d'*Halictus terebrator* ou *Halicte perceur*[1].

Le second mémoire fera connaître certains ennemis de nos *Halictes perceurs*.

Dans un troisième mémoire, je décrirai les habitudes particulières du *Cercère orné*, le plus redoutable ennemi de nos Halictes perceurs.

Dans un quatrième mémoire, je dirai ce que j'ai observé des habitudes de la grande espèce qui est l'*Halictus 4-strigatus*[2] de Latreille[3], mais qui depuis long-temps se trouvait désignée dans mes observations manuscrites sous le nom d'*Écaphose*, et à laquelle je conserverai ce nom.

Dans un cinquième mémoire, je développerai les caractères du genre *Halicte* en donnant la description des deux espèces dont j'ai essayé de tracer l'histoire dans les mémoires précédents; et, afin de les faire distinguer plus sûrement, je les comparerai avec les espèces indigènes qui leur ressemblent.

Dans un sixième et dernier mémoire, je m'occuperai de la description de plusieurs insectes qui font

---

(1) Voyez la Pl., fig. 2 *a* et fig. 2 *b*.

(2) Voyez la Pl., fig 1 *a* et fig. 1 *b*.

(3) Latreille, *Hist. nat. des Crust. et des Insect.*, t. XIII, p. 364.

la guerre à nos halictes, et dont il a été question dans les précédents mémoires.

Réaumur, entraîné par l'attrait que lui offrait l'étude d'autres abeilles plus industrieuses, n'a jeté en quelque sorte qu'un coup-d'œil distrait sur celles du genre halicte, et ne les a signalées qu'en passant; les naturalistes qui l'ont suivi ont également négligé d'observer les habitudes, et le mode d'existence, des espèces de ce genre; les mémoires que je publie remplissent donc une petite lacune dans la science, et j'ose espérer que, par cette considération, ils seront accueillis avec indulgence.

PREMIER MÉMOIRE.

SUR

L'HALICTE PERCEUR.

(*HALICTUS TEREBRATOR.*)

§. Ier.

Premières observations sur les Halictes perceurs. — *De leurs travaux durant le jour. — Manière dont ils défendent leurs habitations, et dont ils préparent la nourriture de leur postérité.*

Le 10 juin de l'année 1802, par un temps lourd et chaud, et vers les quatre heures du soir, je fus surpris de voir une quantité prodigieuse de petites abeilles[1], planant languissamment fort près du sol d'une allée battue, qui entourait le côté méridional du château de Touteville à Anières sur Oise, que j'habitais. Ce sol était percé d'un grand nombre de petits trous, dont plusieurs étaient entourés de monticules de terre fraîchement remuée. Ces monticules étaient fort hauts pour un si petit insecte, puisque la plupart s'élevaient à près d'un pouce au-dessus

(1) Voyez fig. 2 *a*, *b*, *c*, *d*, *e*, de la Planche.

du sol, et formaient autour du trou une bande circulaire de même largeur. Ces abeilles entraient et sortaient alternativement de ces trous. J'aperçus le jour suivant la même espèce d'abeilles, et des trous semblables, dans les environs du château et du parc, mais toujours au milieu des allées, et des chemins, qui présentaient un sol lisse et fortement battu, et qui n'offraient ni herbes ni plantes. Nulle part cependant je ne vis ces abeilles en aussi grande quantité que dans les lieux où je les avais d'abord remarquées. Je comptai dans cet endroit plus de cinq cents trous rapprochés les uns des autres. J'en vis quelques-uns, mais plus tard, entre les pavés de ma cour.

Ces abeilles ne se posaient presque jamais avant d'entrer dans leurs trous : lorsqu'une d'elles se présentait pour entrer, on en voyait une autre s'élever subitement jusqu'à l'entrée du trou, dont l'ouverture se trouvait exactement bouchée par la tête de cette dernière : alors celle qui demandait à être admise se retirait un instant : l'abeille chargée de surveiller l'intérieur s'enfonçait dans le trou, et disparaissait à mes regards, mais elle reparaissait peu-après ; alors celle qui avait demandé à être reçue entrait, et toutes les deux s'enfonçaient dans le souterrain. Le même exercice avait lieu toutes les fois qu'une abeille voulait entrer dans un des trous ; le mouvement des ailes, des pattes, et de la tête de ces petits animaux, exprimait si bien le motif et le but de leurs actions, que je pris plaisir à renouveler un grand nombre de fois la même observation [1].

Quelquefois cet exercice n'avait pas lieu ; nulle sentinelle ne se présentait à l'entrée lorsqu'une abeille se disposait à entrer ; alors on voyait peu de temps après sortir celle qui avait ainsi pénétré sans avoir demandé admission ; au moins je crois que c'était la même, car lorsque quelques abeilles parasites du genre *sphécode*, dont je parlerai par la suite, s'introduisaient dans un des trous non gardés, elles ne tardaient pas à être chassées, et ressortaient du trou presque aussitôt, et plus promptement qu'elles n'y étaient entrées. Cependant, durant le jour, rarement il m'est arrivé de placer mon œil au-dessus de l'embouchure d'un de ces trous, sans qu'aussitôt une sentinelle, auparavant ensevelie dans l'obscurité, ne se soit élevée à la surface avec une telle hardiesse, que, lorsque je m'approchais, elle se soulevait davantage, et sortait presque la tête hors du trou, avec une sorte de mouvement qui ressemblait à de la colère.

Quand ces abeilles se disposent à sortir de la terre, elles s'arrêtent également à l'entrée de leur trou, et paraissent regarder à l'entour. Lorsqu'elles viennent d'entrer, ce qu'elles font toujours la tête en bas,

---

(1) J'ai remarqué que le *Megachile Papaveris* de Latreille, ou l'*abeille du coquelicot* de Réaumur, qui construit son nid à la même époque, monte aussi à l'orifice de son trou, lorsqu'on la regarde.

elles se retournent avec rapidité, et présentent aussitôt leur tête à l'entrée du trou. Si vous les regardez de près, elles ne s'enfonceront pas, et veilleront sentinelles assidues : elles semblent braver vos regards et votre puissance destructrice.

Il me fut facile de me convaincre que le but de ces abeilles, en entrant et en sortant continuellement, n'était pas de creuser leurs trous, car les monticules de terre ne s'augmentaient pas durant le jour, et, quelque exactitude que je misse à les observer, je ne voyais pas une seule particule de terre extraite de ces trous. Si, au contraire, je visitais ces trous le matin, avant que le vent, les pieds des hommes et des animaux n'eussent rien dérangé, j'apercevais les monticules de terre augmentés et recouverts de sable frais. Il était évident que tout ce travail avait été exécuté durant la nuit.

L'objet des occupations de nos abeilles durant le jour n'était pas non plus difficile à deviner. Toutes arrivaient le ventre, et sur-tout les pattes de derrière, tellement chargées du pollen des fleurs, que lorsque le moindre zéphir venait à raser doucement le sol brûlant au-dessus duquel elles planaient, on les voyait aussitôt incapables de se soutenir en l'air, se poser toutes en même temps; et dès que ce zéphir était passé, elles recommençaient encore toutes ensemble à s'élever lentement et à planer languissamment; mais cette courte pose était toujours fatale à quelques-unes d'entre elles, et la troupe innocente ne prenait jamais terre une seule fois sans qu'il en coûtât la vie à plusieurs des individus qui la composaient; tant les ennemis qui les guettaient, et que nous ferons connaître, étaient prompts à saisir l'instant favorable pour s'emparer de leur proie! Par-là nous découvrons pourquoi, ainsi que je l'ai déja remarqué, ces abeilles planent au-dessus des trous et entrent sans se poser à terre, à moins qu'elles n'y soient forcées par la nécessité : leur vie en dépend.

Ainsi il est évident que le jour ces abeilles sont occupées à la fabrication de la substance mielleuse, ou circuse, qui est destinée à nourrir leur postérité. Mais où ramassaient-elles ce pollen dont elles arrivaient chargées? C'est ce que je fus quelque temps à découvrir. Le château que j'habitais était situé au milieu d'un parc, et je ne les apercevais jamais sur aucune des plantes ou des arbrisseaux qui entouraient le lieu de leur république. Ce fut sur le sarrasin en fleur que je les trouvai d'abord, et seulement sur cette plante; bientôt après, je les vis sur la mille-feuille; mais je ne tardai pas à m'apercevoir qu'elles recherchaient sur-tout les plantes peu élevées dont les fleurs venaient de s'épanouir. Même sur ces fleurs, elles sont peu vives, d'un naturel lent et paresseux, et toujours très-faciles à saisir.

Pour connaître de quelle manière ces abeilles s'y prennent pour creuser leurs trous, il fallait les observer la nuit; c'est ce que je fis.

§. II.

Travaux des Halictes perceurs *durant la nuit.* — *Manière dont ils creusent leurs habitations.*

Le matin ces abeilles sont endormies dans leurs souterrains, ou voltigent sur les fleurs : c'est durant la grande chaleur du jour qu'elles se plaisent à préparer leur abondante récolte de pollen. Lorsque le soleil a cessé de darder ses rayons sur la surface du sol où elles ont creusé leurs habitations, elles sont beaucoup moins ardentes à l'ouvrage, et l'ombre, que l'homme recherche alors avec tant d'empressement, les disperse ; on n'en voit plus planer qu'un petit nombre au-dessus des trous : elles choisissent ce moment pour voltiger dans les environs, et aller aux provisions ; mais le soir elles se rassemblent en plus grand nombre que jamais. Il leur faut cependant de ces belles soirées qui se sont prolongées si long-temps dans l'été de 1802 ; alors aucun souffle n'agitait l'air, et la terre exhalait le soir les feux qu'elle avait accumulés pendant le jour. Le vent, la pluie, les nuages même, mettent obstacle aux travaux de nos laborieux insectes.

Vous les verrez donc le soir, favorisées par le temps et la saison, s'agiter avec vivacité au-dessus de leurs habitations futures, et vous apparaître en si grand nombre, qu'à la clarté douteuse de la lune, elles semblent un nuage flottant sur la surface du sol.

Examinez-les avec attention, et si la lumière de l'astre des nuits vous manque, voici le moyen d'y suppléer. Vous entourez deux ou trois bougies d'un papier peu transparent; vous avez soin de les placer, avant l'entière chûte du jour, sur le lieu de vos observations; vos abeilles, accoutumées à cette lumière, et n'étant point effrayées par une clarté inattendue, n'en continueront pas moins leurs travaux lorsque la nuit sera venue. Vous les trouverez alors tellement empressées à l'ouvrage, que vous pouvez les observer de très-près sans les troubler : que dis-je? vous passez au milieu de ce groupe, qui couvre en planant le milieu d'une large allée, il se sépare un instant pour éviter vos pieds destructeurs, mais les abeilles qui le composent, plus promptes à se rallier que les soldats d'une phalange macédonienne, dès que vous êtes sorti de l'espace qu'elles remplissent, reprennent chacune leur poste, et travaillent avec un nouvel empressement : vous pouvez passer, et repasser plusieurs fois, au milieu d'elles sans parvenir à les décourager ou à les effrayer.

Si pendant long-temps vous fixez vos regards sur un même trou, vous verrez qu'il en sort de suite plusieurs individus; et par conséquent une même entrée est commune à plusieurs: vous compterez six ou huit abeilles sortant l'une après l'autre, et toutes planeront au-dessus du trou, la seule issue de leur commune demeure, sans se poser sur le terrain, jusqu'à ce que la dernière soit sortie; elles rentreront ensuite toutes pour ressortir l'une après l'autre, enlevant et expulsant du trou la terre qu'elles ont rangée, et qu'elles ont accumulée au-dessus d'elles. Souvent vous en apercevrez quelques-unes, le matin ou dans le jour, qui, plus laborieuses que les autres, travaillent à polir l'entrée du trou. Le corps à moitié ployé et penché dans le souterrain qui est enfin terminé, les pattes de derrière appuyées sur le sol, on les voit miner la terre avec leurs deux petites mandibules bidentées.

Si, le soir, vous saisissez quelques-unes de nos abeilles, lorsqu'elles s'occupent à creuser leurs habitations, et qu'elles ont commencé leur tâche, vous n'en trouverez aucune chargée de pollen comme dans la journée : aussi sont-elles beaucoup plus lestes et plus vives.

Je n'ai jamais surpris de mâle au-dessus des habitations ni sur les fleurs; tous ceux que j'ai obtenus ont été pris dans les trous : ainsi il paraîtrait démontré que les mâles ne servent point à creuser les demeures, ni à préparer la nourriture; aussi leurs pattes postérieures ne sont pas conformées comme celles des femelles, et ne sont point *pollénigères*, selon l'expression des naturalistes; c'est-à-dire, qu'étant moins larges et dépourvues de poils, elles ne sont pas propres à recueillir et à transporter le pollen des fleurs.

Le travail de nos abeilles se prolonge très-avant dans la nuit; on les voit encore toutes occupées à une heure du matin, mais, vers les cinq ou six heures, on n'en aperçoit plus qu'un petit nombre, et la plus grande partie est alors renfermée dans les trous. Ce n'est guère que vers les huit ou neuf heures, quand la chaleur commence à se faire sentir, qu'elles se dispersent sur les fleurs.

Telles sont les observations que j'ai pu faire sur nos insectes à l'extérieur de leurs habitations. Non-seulement elles exigent beaucoup de temps et de patience, mais même un peu de bonheur; peut-être même faut-il pour cela être, comme je l'étais, entouré d'eux, et avoir plusieurs peuplades sur le seuil de sa porte, de manière à pouvoir les observer à toutes les heures.

Les observations qui nous restent à faire, quoique peut-être plus importantes, et en apparence plus difficiles, ne demandent cependant que de l'adresse et de la constance.

§. III.

Des précautions à prendre pour connaître les sinuosités et la forme des habitations des Halictes perceurs.

Il s'agit maintenant d'examiner à plusieurs reprises ce qui se passe dans l'intérieur des trous; mais auparavant il est utile d'indiquer les moyens que j'ai employés pour y parvenir.

Pour cet effet, je choisis trois ou quatre trous très-rapprochés les uns des autres, j'introduis dans chacun une tige mince, longue et droite de quelque plante herbacée, ou de quelque graminée qui s'enfonce dans la terre à sept ou huit pouces environ. Je trace à l'entour de mes trous un cercle dont la circonférence est au moins éloignée de trois pouces du plus près; ensuite, avec une bêche et une pioche de maçon, j'ouvre, en suivant la ligne tracée, une petite tranchée de neuf à dix pouces. Les bras d'un jardinier ou d'un ouvrier robuste sont ici nécessaires, car c'est toujours dans un sol sablonneux, compacte et foulé, que nos insectes creusent leurs trous; ce sol, dans cette saison, durci par la chaleur du soleil, a presque la dureté de la pierre.

Lorsque la tranchée est achevée, le bloc de terre qui contient les trous désignés se trouve donc séparé du reste du sol; quand on est arrivé à une profondeur suffisante, on mine en-dessous ce bloc de terre avec un couteau ou avec la bêche; et, lorsqu'il ne tient plus à rien, il faut l'enlever avec les deux mains hors de la cavité qui le contient, et sans le briser; ce qui n'est pas toujours facile.

Quand on a sorti le bloc de la cavité qui le contient, on le pose doucement à côté de soi, ou on le soutient verticalement, et dans la même position où il se trouvait dans la cavité, si on prévoit qu'il ne peut être couché sans se briser. Ensuite, avec un grand couteau ou coutelas, on gratte en-dessous peu-à-peu la terre, et l'on arrive à la demeure ovale de nos abeilles: on continue de gratter ainsi jusqu'en haut, pour voir comment les trous se prolongent; quelles sont leurs directions et leurs communications diverses.

D'autres blocs ou morceaux de terre que l'on aura enlevés par les mêmes moyens, seront minés latéralement; d'autres enfin seront rompus par gros morceaux, afin de voir toutes les coupes possibles des trous des habitations. Pour se préserver de toute erreur et de toute illusion, on doit sonder chaque trou, chaque ouverture, avec des pailles ou des tiges de plantes, et les y tenir enfoncées, afin qu'aucune des sinuosités de ces galeries souterraines ne puisse échapper à l'observateur, et afin d'empêcher que la poussière et les décombres qu'il a lui-même formés ne mettent obstacle à ses travaux, et ne lui en ravissent tout le prix. Il faut aussi (car ces opérations sont assez pénibles et assez ennuyeuses pour qu'on ne néglige pas d'indiquer aucun des moyens qui peuvent en assurer la réussite), il faut aussi choisir l'heure à laquelle nos abeilles se trouvent renfermées dans leurs trous, c'est-à-dire, vers cinq ou six heures du matin, car, par leur bourdonnement léger, elles vous indiquent et la profondeur, et le gisement, de ces souterrains si déliés, et déblayent la poussière terreuse qui, malgré toutes les précautions, s'était introduite dans les cavités qui les masquaient, et les dérobaient à votre vue.

Comme c'est toujours à-peu-près à l'exposition du soleil levant que nos abeilles placent leurs habitations; on est obligé de braver la chaleur du soleil déja très-forte dans cette saison à huit ou neuf heures du matin, particulièrement quand elle est augmentée par la réverbération du sol sur lequel il faut avoir la tête penchée.

Tout ceci bien entendu, bien compris, on connaîtra, après plusieurs opérations de la nature de celles qui viennent d'être décrites, le plan des constructions souterraines de nos abeilles, et l'on découvrira les mystères d'amour et de prévoyance qu'elles recèlent.

§. IV.

Description des habitations des Halictes perceurs.

Les habitations de nos abeilles consistent dans un trou d'abord perpendiculaire et unique, mais qui se partage, à partir de cinq pouces de profondeur, en sept ou huit trous différents, peu écartés les uns des autres, à l'extrémité desquels se trouve, à environ huit pouces de distance au-dessous de la superficie du sol, le fond de l'habitation de chacune de nos abeilles, et l'alvéole en terre où elle dépose et nourrit sa postérité. Nos abeilles ont communément trois lignes et demie de long; elles creusent donc en terre un trou qui a vingt-six fois leur longueur. En supposant la taille de l'homme à cinq pieds, cette profondeur prise comparativement, équivaut à un trou de cent vingt pieds de profondeur, percé verticalement.

Ces différentes habitations n'ont entre elles aucune communication latérale, et communiquent seulement à différentes hauteurs avec le trou ou conduit commun.

Ce trou ou vestibule commun est extrêmement étroit à son ouverture, très-proprement et très-nettement poli, et revêtu d'un enduit blanchâtre; il suffit à peine pour laisser passer l'abeille; mais il est, vers la fin des travaux, un peu élevé au-dessus du sol; et cette élévation est produite par les débris de terre que l'insecte a rejetés en creusant, qu'il agglutine ensuite ensemble, et dont il forme un tube que l'on détache facilement du reste du sol.

Cette entrée se trouve presque tous les jours recouverte et bouchée naturellement par le vent, les pieds de l'homme et des animaux, qui accumulent et pressent sur l'orifice du trou une partie de la terre qui l'entoure, et qui en a été extraite; par cette raison, nos abeilles se trouvent presque tous les jours obligées de percer de nouveau le sol qui ne leur oppose qu'un léger obstacle pour soulever sa surface, parce que cette terre nouvelle et non encore entassée et agglutinée, est molle et facile à remuer; ainsi, par l'accumulation successive de ces déblais et de ces remblais, qui recouvrent une surface sans cesse percée et sans cesse rebouchée, il se produit une légère élévation.

L'entrée du trou percé en premier sur le sol n'est pas plus grande que celle qui a lieu par l'agglutinement de la terre déblayée, ou par la perforation de la terre rejetée sur le trou, mais cette entrée est ensuite aggrandie quand elle est surmontée par celle qui a été produite sur l'élévation, et quand cette dernière est entièrement consolidée : cette entrée a environ une ligne de diamètre; l'élévation au-dessus du sol est quelquefois de quatre ou cinq lignes, souvent moins, et elle est quelquefois nulle. L'ouverture du trou proprement dite n'a qu'un quart de ligne d'épaisseur; après elle s'élargit aussitôt, de manière que, vue en-dessous, elle forme un peu la voûte : ce trou a ensuite une ligne et demie de diamètre. Il continue ainsi, parfaitement rond et poli, et sans aucune ouverture ou fissure latérale, jusqu'aux premières entrées des habitations de chaque abeille.

Ces entrées des habitations particulières forment un angle aigu ou incliné avec le trou vertical : elles sont plus étroites que le reste du conduit et de la grandeur de l'ouverture qui est à la superficie du sol. Lorsque la boule de cire mielleuse, dont nous parlerons bientôt, est achevée, et que l'abeille a déposé son œuf dessus, elle bouche l'entrée de cette habitation particulière avec un petit bondon de terre agglutinée, et, comme les boules de chacune de ces abeilles ne sont pas terminées en même temps, il est nécessaire que l'ouverture du conduit commun ne soit jamais bouchée; voila pourquoi nos abeilles ont grand soin de le déboucher sans cesse, et de le tenir constamment ouvert jusqu'à la fin de tous les travaux.

Chaque nid ou habitation particulière présente une cavité ovale très-élargie vers le fond, qui se rétrécit graduellement vers son entrée, et qui a la forme d'une cornue allongée, bombée d'un côté, rentrante et courbée de l'autre. Sa profondeur ou longueur est d'environ trois lignes; sa surface intérieure est extrêmement polie, et enduite d'une matière oléagineuse. Sous la courbure, du côté le moins bombé, se trouve attachée la boule de cire; elle ne repose pas sur le fond du nid, mais elle est collée dans son milieu, et longitudinalement; c'est-à-dire, que sa courbure s'adapte à celle du nid, et que sa plus grande longueur suit la longueur du nid; la larve est toujours placée sur le côté de la boule de cire opposé à l'endroit de son insertion sur le nid : il y a entre ce côté bombé de la boule et les parois opposées du nid, un vide assez considérable, que la larve remplit en grossissant.

§. V.

*De la boule de cire formée par l'*Halicte perceur.

La boule de cire mielleuse[1] formée par nos abeilles est toujours propre, jamais il ne s'y trouve le moindre atôme de poussière : cette boule, dans son origine, ne présente qu'une petite masse ronde, verte, sèche, composée de pollen de fleurs fort peu altéré, et seulement agglutiné; lorsqu'elle est entièrement achevée, elle est de la grosseur d'un pois; elle n'est pas parfaitement ronde, mais elle est plus longue dans un sens que dans un autre; elle est un

(1) Voyez la Pl. fig. 2, *f*.

peu courbée d'un côté et bombée de l'autre, ou, comme disent les naturalistes, réniforme; sa couleur est d'un jaune-brun; elle est molle, polie, luisante, et a une odeur de cire très-forte; elle est âcre et acide lorsqu'on la goûte, et se dissout facilement dans l'eau, mais non dans l'esprit de vin : exposée à l'air libre, elle se durcit facilement.

Nous allons actuellement nous occuper de l'embryon pour lequel elle est destinée.

§. VI.

*De la larve de l'*Halicte perceur.

La larve de nos abeilles, après sa sortie de l'œuf, et lorsque la boule de cire sur laquelle elle repose, et qu'elle doit consumer, est encore entière, présente un petit ver blanc cylindrique, d'une ligne de long, sans segments ni anneaux distincts, même à la plus forte loupe, d'une substance molle, que la moindre pression réduit en bouillie. Un peu plus âgée, cette larve n'est guère plus allongée, mais elle est proportionnellement plus grosse, renflée dans le milieu, et pointue aux deux extrémités, offrant une tête et des segments bien distincts, d'une couleur blanche aqueuse, transparente, laissant apercevoir, vers sa partie postérieure, le canal alimentaire rempli d'un chyle jaunâtre ou noirâtre.

Enfin, parvenue jusqu'au dernier terme de son accroissement, cette larve présente l'aspect d'un ver blanc court et gros, sans pattes ni tentacules; elle a quatre à cinq lignes de long, et une ligne et demie de large; elle est pointue aux deux extrémités, renflée dans le milieu, divisée en treize anneaux ou segments, sans compter la tête qui est petite, distincte, arrondie, et qui a à sa partie postérieure deux globes peu prononcés, qui semblent figurer les yeux de l'insecte futur; la partie antérieure est aplatie, carrée, et assez semblable au chaperon de l'abeille dans son état parfait, mais plus petit; de chaque côté sont deux crochets ou mandibules pointues, blanchâtres, que la larve remue sans cesse lorsqu'elle mange, et par le moyen desquelles elle mord et divise la boule de cire sur laquelle elle est couchée. Le dos de cette larve est très-convexe, et le ventre est aplati, les anneaux ou segments présentent sur les côtés, proche le ventre, un petit renflement au-dessus duquel on distingue (sur-tout quand elle a séjourné quelque temps dans l'esprit de vin) des trous très-petits, qui sont les stigmates par où elle respire.

Une de ces larves, que j'avais abandonnée dans une boëte, et qui se trouvait parvenue au tiers de sa grandeur, se mouvait avec assez de rapidité, en courbant sa tête, et s'accrochant aux parois de la boëte avec ses mandibules; la tête était alors noire et plus pointue que la partie postérieure qui était retirée; la larve ressemblait à un cône allongé dont la partie postérieure était la base. Ces larves se meuvent cependant avec beaucoup moins de facilité que celles des philanthes.

§. VII.

*De la nymphe de l'*Halicte perceur.

Lorsque cette larve a consumé la boule de cire contenue dans l'alvéole de terre qui la renferme, elle se métamorphose en nymphe sans filer de coque: cette métamorphose a lieu environ un mois ou cinq semaines après que ces abeilles ont commencé à percer leurs trous; du moins, je n'ai commencé à trouver des nymphes que le 13 juillet. Ces nymphes présentent à nu toutes les parties de l'insecte parfait, mais ramollies et ramassées : les ailes sont pliées, et ne paraissent que des moignons; les pattes sont ramassées sur le corps; les antennes collées contre la tête, qui est d'abord entièrement blanche; les yeux commencent en premier à se colorer en rouge-brun, ensuite les pattes; on voit après brunir le dessus du corcelet, peu-après les bords des anneaux, dont la base est encore blanchâtre : enfin l'insecte se trouve revêtu de toutes ses couleurs et dans son état parfait, mais il est encore trop mou pour pouvoir se remuer; ce n'est qu'un jour ou deux après sa métamorphose complète qu'il soulève le petit bouchon de terre qui ferme son alvéole, atteint les parties supérieures de sa demeure souterraine, et s'envole. Quelles doivent être ses sensations en se mouvant dans l'air, en se reposant sur les fleurs investi subitement de tous les attributs et de tous les priviléges de sa nouvelle existence !

On trouve parmi ces nymphes un quart de mâles environ ; ils sont faciles à distinguer des femelles, même dans cet état, par leurs antennes et leurs corps un peu plus allongés, et sur-tout par leurs antennes plus longues et à articles égaux, et qui ne sont pas brisées en deux parties comme dans les femelles. Les alvéoles qui les renferment m'ont paru être semblables en tout à celles des femelles.

Je terminerai ce qui concerne les larves et les nymphes de nos abeilles, par une observation importante, c'est que je n'ai jamais trouvé aucune peau ni dépouille de larve dans les cellules, et qu'ayant suivi cette larve dans tous ses progrès, je crois pouvoir assurer qu'elle subit ses transformations sans changer de peau, ou que ces peaux se dissolvent et se combinent dans la terre humide.

DEUXIÈME MÉMOIRE.

De quelques ennemis des Halictes perceurs.

CEUX qui se sont donné la peine de suivre avec attention, dans le mémoire précédent, le détail de toutes les habitudes de la vie de nos Halictes perceurs, ont pu se convaincre combien ils sont doux et inoffensifs. Se nourrissant du nectar des fleurs, recueillant le pollen de leurs étamines, creusant ensuite dans un sol qui, par sa dureté, ne convient à aucun autre insecte, la demeure souterraine qui doit recéler leur postérité, ne préparant pour eux qu'une petite portion de subsistance, inutile à tout autre usage, il semble que ces petits animaux ne devraient avoir ni ennemis ni envieux. Ils en sont, au contraire, continuellement assaillis ; et, à tous les moments de leur existence, ils sont menacés par des agresseurs aussi actifs que redoutables. Les araignées et les fourmis les saisissent, lorsque trop chargés de butin ils se posent un instant à terre; des abeilles solitaires du genre sphécode, des chrysis, des crabrons, pénètrent dans leurs trous pour déposer leurs propres œufs sur la boule de cire qu'ils ont préparée, et pour leur ravir ainsi tout le fruit de leurs travaux; enfin, diverses espèces de guêpes, et sur-tout le cercère orné, fond sur eux, tandis qu'ils volent en l'air, et les transportent, demi-mourants, dans leurs nids, pour être dévorés par leurs larves carnassières. Tâchons de faire connaître plus en détail ces différents insectes, si redoutables pour nos abeilles.

§. Ier.

Des araignées et des fourmis qui attaquent les Halictes perceurs.

Lorsque nos abeilles sont le plus occupées à creuser leurs habitations, et qu'elles se rassemblent en plus grand nombre sur une même place, on voit souvent errer parmi elles plusieurs espèces de fourmis et d'araignées-loups ou de lycoses. C'est principalement l'*araignée agrétique*, et l'*araignée andrénivore* [1], qui fondent sur nos actives ouvrières, et, lorsqu'elles se reposent à terre, ces féroces ennemis les emportent avec rapidité pour les dévorer à loisir.

Les fourmis ne sont pas moins redoutables; elles se saisissent sur-tout de celles de nos abeilles que le cercère orné a déja presque tuées, et qu'il dépose

---

(1) Voy. ci-après 6e Mém. la description de l'*Araignée Andrénivore*. Pour l'*Araignée Agretique*, voy. *Faune Parisienne*, t. II, p. 283, n° 103.

à terre à côté de son trou, afin de les reprendre et de les y introduire plus à loisir. Nous ferons bientôt connaître dans un mémoire particulier les habitudes de ce dernier insecte.

J'ai remarqué plusieurs fois des fourmillières dans le voisinage de nos abeilles travailleuses, et lorsque je les observai quelque temps après, je m'aperçus que ces fourmillières étaient fort aggrandies; que les fourmis avaient communiqué par les souterrains qu'elles avaient pratiqués avec les trous de nos abeilles et ceux des cercères; que ces trous leur servaient, et faisaient désormais partie de leurs fourmillières. J'ai trouvé, dans les nids vides des cercères, à environ trois pouces de profondeur, et dans les nids de nos abeilles, de petites fourmis rouges, dont le mâle est noir, et dont la femelle a aussi le corcelet noir. Les mâles et les femelles de ces fourmis avaient tous leurs ailes; les larves étaient nues, agglomérées, et en grand nombre; je n'ai observé sur la surface du sol rien qui indiquât une si grande cavité, ni pu deviner par où ces fourmis avaient pénétré. Je dois dire cependant que ces trous étaient peut-être cachés par une petite touffe d'herbe que je n'ai pas examinée avec assez de soin.

Il me semble qu'on n'a pas fait attention à la manière dont le sol de la terre est criblé par des insectes de divers genres, et que, par cette raison, on a été trop surpris de la structure des édifices souterrains de certaines fourmis.

§. II.

Des insectes qui cherchent à pénétrer dans les trous des Halictes perceurs.

Ce n'est pas inutilement que nos abeilles veillent assiduement à l'entrée de leurs trous; plusieurs ennemis cherchent à y pénétrer, soit pour s'emparer des demeures qu'elles ont creusées avec tant de peine, soit pour déposer leurs œufs sur les boules de cire qu'elles ont formées, et ravir ainsi l'existence à leur postérité, en s'appropriant la nourriture qu'elles ont amassée et préparée.

Un des plus faibles de ces ennemis est la *Chrysis lucidula*, ou la mouche dorée brillante; elle se couche le plus souvent à côté du trou de nos abeilles, derrière le rempart qui l'entoure, et qui est formé par les parcelles de terre qu'elles ont retirées du trou. J'ai vu quelques-unes de ces chrysis se glisser avec adresse et promptitude dans le trou, mais je ne les ai point vues sortir. Il arrive encore plus fréquemment que ces chrysis sont apperçues par un de nos Halictes, dans la cachette où elles se tapissent; alors celui-ci plane au-dessus de l'ennemi commun, ce qui amène un second Halicte et bientôt un troisième, et enfin un plus grand nombre ; toutes alors planent au-dessus de la chrysis, qu'elles semblent redouter d'attaquer, et qui se tient immobile : enfin, lorsque les abeilles se trouvent suffisamment rassurées par leur grand nombre, une d'entre elles fond sur la chrysis, qui s'enfuit, et que la troupe poursuit alors avec une sorte de fureur, et chasse de l'espace qui est le théâtre de son active industrie.

Lorsqu'on fait des observations sur certains insectes, on est continuellement arrêté par des mystères aussi intéressants que curieux, qu'on ne peut parvenir à pénétrer; mais il est du devoir de l'observateur d'avouer son impuissance, et de ne pas négliger de décrire ce qu'il a vu, car ceux qui le suivront, plus heureux ou plus habiles, peuvent parvenir, par le moyen de ces indications, à des résultats plus complets, plus exacts et propres à enrichir la science. C'est ce qui me porte à rapporter une observation qui, quoique étrangère à l'histoire de nos abeilles, est cependant intéressante pour celle des chrysis qui figurent ici parmi leurs ennemis. Le 3 août de la même année 1802, je fis une excavation pour suivre l'histoire des Halictes perceurs; je trouvai, à la profondeur où ils ont coutume de terminer leurs alvéoles, trois petites coques composées d'une pellicule mince, et saupoudrée d'une matière verte très-brillante; en examinant ces coques avec une forte loupe, j'aperçus des corselets entiers et des têtes entières d'une très-petite espèce de chrysis. Ces têtes et ces corselets formaient la matière qui donnait tant d'éclat à la superficie de cette coque. J'ouvris cette coque; je trouvai une larve blanche d'une forme assez semblable à celle de nos abeilles, mais elle était composée de quatorze anneaux, sans compter la tête. Cette tête, écailleuse, est plus grosse proportionnellement que celle de nos abeilles; elle est armée de deux crochets ou mandibules très-pointues et très-acérées, plus brunes vers le bout; cette larve ne remplissait pas en entier la coque, qui a trois lignes et demie de long, tandis que la larve n'a qu'une demi ligne. On ne doit guère douter que cette larve, après avoir dévoré des chrysis, à la réserve du corselet et de la tête, qui sont plus durs, ne se file une coque, qu'elle fortifie par ces corselets et ces têtes de chrysis, qu'elle y agglutine. Je soupçonne que c'est quelque espèce de cercère ou de philanthe, qui prend ces chrysis et les porte vivantes à leurs larves. Nous verrons plus loin jusqu'à quel point cette conjecture est fondée.

Il y a encore d'autres ennemis de nos Halictes, qui planent sans cesse au-dessus de leurs trous et cherchent à y pénétrer. Ce sont d'abord trois espèces de petits crabrons à lèvre argentée; mais, comme je n'ai point conservé les individus, je ne puis déterminer ces espèces avec certitude : l'une, que j'avais nommée *Crabro punctatus*, a le corps noir et des points jaunes sur les côtés de l'abdomen, en-dessus; les tarses et les pattes sont jaunes; les jambes sont noires à leurs extrémités; la pointe de l'abdomen est d'un roux ferrugineux. La seconde espèce, que j'avais désignée dans mes notes, par le nom de *Crabro crassipes*, est plus petite, noire, elle a deux points jaunes devant l'aile, l'anus est rouge, les pattes sont rousses et présentent de même des lignes jaunes sur la partie postérieure; les antennes sont noires en-dessus et rousses en-dessous.

Enfin, trois autres espèces d'insectes, d'un genre très-voisin de celui de nos abeilles, cherchent sans cesse à pénétrer dans leurs trous. Ce sont le *Sphecodes gibbus*, de Latreille [1], la *Typhia rufiventris*, de Panzer [2], et la *Melitta sphecoïdes*, de Kirby [3], ou *Sphex gibba*, de Linné; ces deux derniers insectes sont aussi des *Sphécodes*. Ces abeilles solitaires et parasites sont remarquables par leur corps luisant, glabre, leur corselet noir, et leur abdomen d'un rouge-cerise, plus ou moins taché de noir, soit à leur base, soit à leur extrémité.

---

(1) Latreille. — *Hist. nat. des Insect.* t. XIII, p. 368.

(2) Panzer. — *Faun. Germanic. Fascicul.* 53, tab. 4.

(3) Kirby. — *Monogr. Apum Angliæ*, t. II, p. 5 et 46, n° 9.

TROISIÈME MÉMOIRE.

Du Cercère orné, *et de la famille des* Insectes fouisseurs *en général.*

Mais il me reste à faire connaître le plus terrible ennemi de nos industrieuses abeilles; c'est le *Cercère orné*, dont il a déja été question dans le dernier mémoire : j'en donnerai l'histoire presque complète. Ce genre curieux, déja éclairci par les belles observations de MM. Latreille, Bosc et Spinola, a été démembré par Latreille, du genre des Philanthes, qui, avant Fabricius, étaient réunis aux guêpes. Les Cercères, ainsi qu'on le verra, sont parmi les insectes comme les aigles ou les éperviers parmi les oiseaux.

§. I.

De quelle manière les Cercères ornés *pourvoient à la subsistance de leurs larves, et se saisissent des* Halictes perceurs.

C'est entre onze heures et quatre heures, lorsque le temps est pur et chaud, que les Cercères ornés se livrent avec plus d'ardeur à leur cruelle chasse. Ils voltigent çà et là au-dessus de la demeure de nos abeilles; et lorsqu'elles se préparent à entrer dans leurs trous et que leur vol est stationnaire, le Cercère orné fond sur une abeille, la saisit par le dos, et l'enlève; il vole quelques pas avec elle, puis se pose par terre, s'accote ensuite contre quelque petite pierre ou quelque motte de terre, et retourne sa proie de manière à ce qu'elle soit couchée sur le dos; il marche sur son ventre en se dirigeant vers la tête; l'abeille agite en vain ses mandibules alongées, ses machoires et sa languette; il lui enfonce son aiguillon immédiatement au-dessous de la tête : elle demeure alors sans force et palpitante, mais elle ne meurt point : elle n'est point destinée à devenir la proie du Cercère orné : c'est pour élever sa postérité qu'il est ainsi féroce, et qu'il enterre vivantes nos malheureuses abeilles, qu'on retrouve dans son trou encore palpitantes et à l'agonie plusieurs jours après leur enlèvement. Nos abeilles, et une petite espèce du même genre, verte et cuivrée, sont presque les seules proies dont les Cercères ornés s'emparent. On trouve ordinairement trois Halictes perceurs et un Halicte cuivré, pour la nourriture d'une seule larve de Cercère. Cependant, vers la fin de la saison, au commencement de septembre, lorsque les Halictes perceurs commencent à devenir rares, les Cercères ornés fondent sur d'autres espèces du même genre, plus grandes et plus fortes; et j'ai rencontré aussi une de ces larves qui n'avait pour sa provision que trois Halictes cuivrés, sans aucun Halicte perceur.

Lorsque le Cercère orné se trouve trop chargé par le poids de l'abeille, il la dépose en chemin pour la reprendre ensuite. Quelquefois aussi son trou est bouché ou obstrué par quelque petite pierre ou quelques parcelles de terre. Alors il est forcé de déposer sa proie près de l'entrée; mais, tandis qu'il travaille à débarrasser cette entrée, souvent arrive la fourmi, qui se saisit de la pauvre abeille et l'emporte, demi-mourante, avec la rapidité d'une voleuse.

Les Cercères ornés cherchent toujours à entrer dans leurs trous, malgré les obstacles qu'on leur oppose; un d'eux, que j'avais décapité en enfonçant un bâton dans son trou, dans le moment même où il faisait des efforts pour y pénétrer, conservait encore, dans le reste de son corps, le même mouvement et la même volonté: je le retournai exprès du côté opposé, mais il se retourna vers son trou et y entra.

Lorsqu'on enfonce une paille dans le trou du Cercère orné, il monte aussitôt après la paille et la mort avec colère.

Les Cercères ornés, dans les combats qu'ils livrent à nos abeilles, s'y prennent toujours de la même manière, et lorsqu'ils les posent à terre pour les percer de leur aiguillon, ils sont tellement animés, qu'on peut, pour les observer, se coucher par terre auprès d'eux sans qu'ils se dérangent.

§. II.

Des trous ou habitations des Cercères ornés.

Les Cercères ornés creusent des trous dans les mêmes lieux que ceux des Halictes perceurs, et au milieu des leurs, mais non en aussi grand nombre. Il est aussi quelques individus qui choisissent une petite touffe d'herbe isolée pour y percer leurs habitations.

On en trouve occupés à ce travail depuis le mois de juin, jusqu'au commencement de septembre lorsque les Halictes perceurs ont presque entièrement disparu. Aussi c'est alors seulement que les Cercères ornés saisissent d'autres insectes du même genre.

L'entrée de ces trous, lorsqu'ils ont été fraîchement creusés, est entourée d'un rempart intérieur de sable, bien poli et agglutiné avec un mortier blanchâtre; ce rempart s'élève souvent au-dessus du sol cette entrée est grande, proportionnellement à l'insecte, parce qu'il doit y passer avec sa proie; elle est encore plus large, immédiatement au-dessous de l'ouverture. L'insecte la retrécit lorsqu'il a porté à sa larve la provision nécessaire, et il finit par la boucher entièrement.

Ces trous ne sont pas creusés perpendiculairement; ils s'inclinent d'un côté presqu'aussitôt après l'entrée, et suivent cette direction à une profondeur de trois pouces, ensuite ils se dirigent dans le sens latéral, à la profondeur de deux pouces; de sorte qu'ils forment, par leur double sinuosité, une sorte de *S* penché, dont le milieu ou le ventre est une ligne droite. Ces trous ont environ cinq pouces de longueur, à cause de leur développement, et c'est à quatre pouces de profondeur que l'on trouve la larve, dont le nid a une forme ronde ou globuleuse.

§. III.

Description de la larve du Cercère orné.

La larve a douze anneaux, sans compter la tête et le petit tubercule qui termine la partie postérieure: elle aurait donc quatorze anneaux si l'on comptait ces deux parties. Lorsqu'elle a pris tout son accroissement, et avant d'avoir filé son cocon, elle est blanche, allongée, transparente, avec une raie longitudinale noire dans son milieu[1]. Sa tête, qu'elle allonge et qu'elle remue sans cesse en tous sens, offre divers enfoncements à sa partie inférieure, ainsi que deux petits tubercules noirs sur le devant, en bas, proche le chaperon. Ces tubercules paraissent être des yeux différents des yeux lisses de l'insecte parfait; il n'y a dans cette larve aucun vestige

---

(1) Les larves des *Halictes* et des *Andrènes* sont d'un blanc plus mat, moins transparent; et lorsqu'elles sont à l'air, elles se roulent et ne peuvent se remuer.

d'antenne. Une raie blanche, transversale, profonde, sépare en deux l'extrémité arrondie du chaperon. La lèvre inférieure est allongée, cylindrique, très-renflée, en-dessous très-avancée, surpassant les machoires, et en-devant coupée en ligne droite. Les machoires sont cylindriques, un peu resserrées; dans le milieu elles sont reçues entre la lèvre inférieure et le chaperon. Le dernier anneau de la larve, ou sa partie postérieure, est terminée par un petit cône pointu très-remarquable.

Le Cercère orné complète à sa larve, aussitôt qu'elle est sortie de l'œuf, la provision entière qui doit la nourrir jusqu'à ce qu'elle se métamorphose en nymphe; car j'ai vu de ces larves, sous la forme d'un petit ver blanc transparent, long d'une ligne ou d'une demi-ligne, qui avaient déja dans leurs trous trois Halictes perceurs et un Halicte cuivré.

Le Cercère orné continue ses pontes au moins jusqu'au milieu d'août, car j'ai trouvé, le 14 de ce mois, une jeune larve avec sa provision accoutumée de trois Halictes perceurs et d'un Halicte cuivré.

J'ai souvent vu la Chrysis dorée, pénétrer dans le trou du Cercère lorsqu'il s'y trouvait; la Chrysis dorée commence par jeter du sable dans ce trou, probablement pour étourdir son ennemi : elle entre ensuite dans ce trou, y reste quelque temps, et en ressort. J'ignore entièrement les motifs de ces faits; un naturaliste plus heureux et plus habile les expliquera peut-être un jour.

§. IV.

Description de la nymphe du Cercère orné.

La larve du Cercère orné, lorsqu'elle a pris tout son accroissement, se file une coque que l'on trouve au fond des trous que nous avons décrits. Cette coque est enveloppée des têtes et des ailes, et des autres parties dures de nos Halictes, et de celles de l'Halicte cuivré, qui sont agglutinées ensemble. Il faut ôter cette première enveloppe de débris, pour voir la coque à nu; elle est formée d'une pellicule mince d'un blanc-roux; sa forme est ovale, mais renflée, et plus grosse à une de ses extrémités: un de ses bouts est pourvu d'une petite houppe de soie noire, qui sert à fixer la coque en terre lorsque l'insecte en sort métamorphosé. C'est par cette raison qu'il ne l'entraîne jamais avec lui et qu'on trouve souvent de ces coques vides lorsqu'on fait des excavations pour étudier l'histoire du Cercère orné.

Quand on a déchiré la pellicule mince dont la nymphe du cercère s'est enveloppée, on l'aperçoit qui s'avance en agitant sa tête en rétrécissant et allongeant les anneaux de son corps, et en s'aidant de ses crochets cornés et rouges. Elle est, dans le commencement, presque semblable à la larve; son dos seulement est plus convexe et son ventre plus plat; les bourrelets latéraux qui séparent le ventre du dos sont plus renflés. Quand elle est plus âgée, elle est plus courte, plus grosse, plus ramassée, comme quadrangulaire, très-blanche, sans raie noire interne, sans anneaux distincts, la tête reployée endessous et presque immobile.

§. V.

Des habitudes de quelques autres Cercères, *observés par les Naturalistes. Remarques générales sur la grande famille des* Insectes fouisseurs.

Tout ceci confirme les observations qui ont déja été faites par deux naturalistes, sur les Cercères. M. Latreille, dans un mémoire intitulé : *Observations nouvelles sur la manière dont plusieurs insectes de l'ordre des Hymenoptères pourvoient à la subsistance de leur postérité*, imprimé dans les Annales du Muséum, nous a fait connaître les habitudes du Cercère à oreille, *Cerceris auritus*, la plus grande espèce du genre dans nos climats. Ce ne sont point d'innocents Halictes que celui-ci porte à sa larve, mais des charansons destructeurs, tels que le *Lixus ascanii*, et d'autres de la famille des Rhincophores: sous ce rapport il rend service aux agriculteurs. Il en est de même de deux espèces du même genre, que M. Bosc a décrites dans une notice lue à la société d'agriculture, et insérée dans le tome 56 de ses Mémoires [1]. Ceux-ci s'emparent de préférence

(1) Voyez *Annales d'agriculture*, t. LVI, p. 89. — L'auteur a

du Charanson gris, et du Charanson oblong qui fait tant de tort à l'ébénier des Alpes. Ces espèces creusent comme notre cercère orné, un trou sinueux dans un sol sablonneux et dur. Elles y placent, dit le naturaliste que j'ai cité, une vingtaine de Charansons séparés les uns des autres par une petite épaisseur de sable, après avoir déposé un œuf sur chacun d'eux. Il n'en est pas ainsi du Cercère orné ; un seul Halicte ne suffit point à la nourriture d'une seule larve, et il lui en faut toujours au moins trois et plus souvent quatre. Mais les Charansons, qu'enlèvent les Cercères décrits par M. Bosc, de même que nos Halictes, ne meurent point; ils sont simplement engourdis, et sont dévorés vivants par les larves des Cercères.

Ainsi donc il paraît certain que chaque espèce de Cercère nourrit sa larve avec certaines espèces particulières d'insectes; et il n'y a pas de doute que, si on s'attachait à l'étude scrupuleuse de ce genre, on trouverait qu'il doit être divisé en plusieurs petites sections ou familles, distinguées entre elles d'autant plus fortement par quelques particularités dans leur organisation ou leurs formes extérieures, que les insectes qu'ils saisissent, pour les donner en nourriture à leurs larves, sont plus différents entre

---

décrit ces espèces sous les noms de *Cerceris quinque fasciata* et *quadri fasciata*, comme nouvelles; mais ces noms ont déja été donnés.

eux. Ainsi ceux dont les larves se nourrissent de coléoptères, doivent avoir des caractères extérieurs et constants qui servent à les faire distinguer de ceux dont les larves ne peuvent subsister que d'hyménoptères.

Si on se rappelle actuellement la description que que j'ai donnée de la coque du Cercère orné, enveloppée des débris des Halictes perceurs, et de celle de l'insecte inconnu, décrite dans le précédent mémoire, enveloppée de même de têtes et d'ailes de Chrysis, on pensera avec moi que cette coque appartient à quelque petite espèce de Cercère ou de Philanthe, dont la larve exige de préférence des Chrysis pour sa nourriture.

Mais les Philanthes et les Cercères appartiennent eux-mêmes à une grande famille naturelle, dont M. Latreille a donné les caractères, qu'il avait d'abord distingués par le nom général de *Prædones*, Déprédateurs[1], et que depuis il a nommé Fouisseurs, *Fossores*[2]. En effet il paraît certain que les individus de tous les genres qui composent cette grande famille, se saisissent d'insectes ou de larves d'insectes, pour en nourrir leur postérité.

De tous les Fouisseurs, le plus nuisible, et le plus utile à connaître est le Philanthe apivore, dont M. Latreille a décrit très en détail les habitudes et les

---

(1) Latreille. — *Gener. Crustaceor. et Insect.* t. IV, p. 51.

(2) Latreille. — *Règne animal de Cuvier*, t. III, p. 402.

mœurs dans un excellent mémoire[1]. Cette espèce creuse un trou ou une galerie horizontale, légèrement inclinée, qui a un pied de profondeur, et elle se saisit exclusivement de l'abeille à miel, qu'elle enterre, pour servir de nourriture à sa larve. Le Bembex à bec, (*Bembex rostrata*), qu'a observé cet habile naturaliste[2], creuse de même une galerie inclinée de dix à onze pouces de longueur, au fond de laquelle il empile, pour servir de nourriture à sa larve, six à sept individus de la mouche apiforme de Geofroy; d'autres espèces de Bembex se saisissent pareillement de diptères des genres Syrphes et Bombyles. Les Oxybules s'emparent de Diptères plus petits, et le Pimphredon lugubre de Latreille, nourrit sa larve de pucerons; le Crabron criblé donne à la sienne la Pyrale chlorane.

Les autres genres de cette famille ont des habitudes semblables: le Sphex du sable (*Sphex sabulosa*) enterre des chenilles; le Chlorion comprimé des Kakerlacs; le Pompile des chemins (*Sphex viatica*), et le Larre potier (*Sphex figulus*) des araignées: ce dernier usurpe les trous que d'autres insectes ont creusés dans de vieux bois. Le Pélopie tourneur (*Sphex spirifex*), et d'autres insectes du même genre, font, dans l'intérieur des maisons, aux angles des cor-

---

(1) Latreille. — *Mémoire sur un insecte qui nourrit ses petits d'abeilles domestiques*, dans l'*Hist. nat. des Fourmis*, p. 307.

(2) *Annales du Muséum*. — Dans le mémoire ci-dessus cité.

niches, des nids en terre, arrondis ou globuleux, tournant en spirale, et présentant, sur leur côté inférieur, deux ou trois rangées de trous dont les ouvertures sont les entrées d'autant de cellules, dans chacune desquelles l'insecte place une araignée ou une mouche avec un de ses œufs, et il bouche ensuite ces cellules avec de la terre.

On voit, d'après ces détails, qu'il n'y a pas de classe, de genre, ou d'espèce particulière, d'insectes qui n'ait pour ennemis et pour destructeurs impitoyables quelque espèce de la nombreuse *famille des Fouisseurs*, et que l'histoire de cette famille se rattache à celle de tous les autres insectes : c'est donc une des plus intéressantes de toutes; et un naturaliste qui s'occuperait de son étude; qui développerait les faits variés et curieux des mœurs et des habitudes de chaque espèce; qui déterminerait les caractères de chacun des groupes dont l'industrie et les mœurs se ressemblent, et les différences qui distinguent les espèces et les sexes; qui établirait bien les nouveaux genres qu'il est nécessaire de former, et perfectionnerait les caractères de ceux que l'on a établis; ce naturaliste, dis-je, ferait faire d'immenses progrès à toute la science de l'entomologie, et éclaircirait, par l'histoire naturelle d'une seule famille d'insectes, celle de toutes les autres.

QUATRIÈME MÉMOIRE

SUR

LE GRAND HALICTE,

OU L'HALICTE ÉCAPHOSE.

J'AI terminé le récit de mes observations sur les *Halictes perceurs*, et ceux qui viendront après moi seront peu tentés d'y ajouter. En effet cette espèce est petite, peu remarquable par ses couleurs : son industrie est des plus simples, et elle est moins intéressante en elle-même que par sa grande multiplication, et par ses rapports avec d'autres insectes; je crois avoir d'ailleurs suffisamment éclairci tout ce qui la concerne. Il n'en est pas de même de ce que j'ai à dire sur le grand Halicte. Cette espèce est non-seulement très-remarquable, puisque c'est la plus grande du genre dans nos climats, mais son industrie est plus savante, plus digne d'attirer l'attention; cependant il m'a été impossible de multiplier assez mes observations pour en tracer l'histoire en détail. J'espère donc que quelque naturaliste, plus heureux que moi, achevera un jour ce que je n'ai pu qu'ébaucher

4

§. Ier.

Premières observations sur les grands Halictes. — *Manière dont ils creusent leurs habitations.*

C'est aussi en 1802, au commencement d'août, à peu de distance de ma demeure, sur un chemin public tracé dans un sol sablonneux, au pied d'un chardon à petites feuilles, dans un lieu exposé à un soleil ardent, que j'ai trouvé trois trous de cette grande espèce d'Halictes[1] : quoique je l'aie bien souvent rencontrée sur les fleurs, et sur-tout sur celles du chardon, cependant j'ai cherché dans un rayon d'une lieue et demie d'autres trous semblables, et je n'ai pu les découvrir. Aussi, craignant d'interrompre les travaux de ces actives ouvrières, et de détruire leur cité avant qu'elle ne fût achevée, ce ne fut qu'au bout de trois semaines qu'armé de la bêche et de la pioche, j'entrepris d'en former le siége; par ce moyen, j'ai bien pu obtenir la nymphe et la larve, mais la connaissance du miel ou de la boule de cire qu'elles préparent m'a échappé.

Tout près, et dans l'intervalle des trous de notre grande abeille, j'ai vu un trou de nos *Halictes perceurs;* dans le voisinage, j'ai trouvé le trou de la *Mégachile du coquelicot*, garni de la pétale écarlate de cette fleur, dont Réaumur et Latreille ont décrit

---

1 Voyez la Pl., fig. 1. *a*, *b*, *c*, *d*, *e*.

les mœurs : la *Dasypode leporine* et le *Crabro arenaire* se rencontraient aussi en même temps.

Grandes, fortes, et redoutant peu l'ennemi, ces abeilles se livrent à leurs travaux en plein jour et durant la grande chaleur. Elles minent la terre, et la soulèvent peu-à-peu à la manière des taupes : j'en observai une travaillant sous terre pendant deux heures, et ce ne fut que le lendemain matin que je trouvai la masse de terre divisée par elle, soulevée et rejetée au dehors; ces débris sont accumulés d'un seul côté du trou, et ne l'entourent point comme dans le trou de l'*Halicte perceur;* et, comme ce trou va en pente, les débris sont toujours du côté opposé à la pente. Je ne vis creuser que deux trous; il y en avait trois achevés lorsque je commençais mes observations le 4 août; le 11 du même mois, les deux autres trous furent terminés : voyant que ces excavations de nos abeilles avaient cessé, je me déterminai à faire les miennes le 18 du même mois; et, avec les moyens et les précautions que j'ai détaillés dans mon précédent mémoire, je parvins à connaître les curieuses habitations de ces insectes.

§. II.

Description des habitations des grands Halictes.

L'entrée des habitations de nos grandes abeilles a environ quatre lignes de diamètre, et est assez large pour laisser passer à-la-fois facilement deux individus. Cette entrée n'est ni coupée dans le sol, ni bien arrondie, ni bien polie, et par conséquent elle diffère sous tous ces rapports de celle que présente le trou de l'Halicte perceur. Ce ne sont pas là les seules différences : le conduit souterrain qui aboutit aux habitations des grands Halictes n'est point creusé verticalement, mais il va en pente, ensuite il se tourne un peu de côté : et, après ce double détour, je trouvai le nid commun de notre petite société situé sous une pierre, et dans un sol pierreux et sablonneux à quatre pouces de profondeur. J'avais eu soin de boucher les cinq entrées, et j'avais miné en dessous le gros bloc, que j'avais extrait de la terre avec d'autant plus de précaution, que c'était le seul que je pusse examiner, et que j'en avais en vain cherché un autre. Lorsque j'eus gratté la terre et mis à découvert le nid par une coupe générale faite à sa base, je fus dédommagé de mes peines par un spectacle curieux.

Qu'on se figure une cavité ronde, ou l'intérieur d'un dôme de deux pouces et demi de diamètre et de trois pouces de hauteur ; que l'on remplisse ensuite ce dôme d'une masse de terre irrégulièrement pétrie, mais offrant par-tout des vides qui la détachent des parois du dôme, et qui présentent des coques en terre liées ensemble et avec les parois du dôme, par de petites traverses, dont les différentes sinuosités forment un labyrinthe qui semble inextricable, on aura une idée de l'habitation de nos grandes abeilles. On voit ainsi qu'elles vivent réunies dans un lieu commun ou habitation commune, mais qu'elles ont toutes une cellule particulière qu'elles occupent séparément, ainsi que les moines qui vivent séparés, quoique réunis dans un même couvent. C'est en un mot une petite ruche en terre. Lorsque je l'examinai elle se composait de dix-huit à vingt coques de terre ayant la forme de cornues allongées, renversées, de huit lignes de long sur trois à quatre lignes de large au gros bout ou à la partie supérieure : ces coques sont unies ou agglomérées ensemble, et ne forment qu'une seule masse, de sorte qu'en rompant les petites traverses qui attachent cette masse à la cavité, on peut enlever le nid entier et laisser à vide cette cavité [1].

Chacune des coques en terre avait son entrée tournée en bas et bouchée, de sorte que la larve ou la nymphe, qui s'y trouvait renfermée, n'avait aucune communication avec l'air extérieur. Les parois intérieures des coques, où sont encore les larves et les nymphes, sont parfaitement polies, comme dans les alvéoles de l'Halicte perceur; mais la terre qui forme les parois de la coque du grand Halicte est beaucoup plus sèche.

Je n'ai trouvé dans ce nid que cinq ou six larves, sans aucune boule de cire, sans miel, sans nourriture; cependant une d'elles ne paraissait pas venue à son

(1) La fig. 1 c offre deux de ces coques détachées du reste du nid.

terme, et j'ignore comment elle subsistait. Il y avait dans d'autres coques trois nymphes : plusieurs autres étaient vides, et néanmoins, à la réserve d'une seule, ces coques étaient fermées avec un petit bouchon de terre, et l'intérieur était rempli d'un sable très-fin : une seule coque était à-la-fois vide et ouverte, et à son entrée était tendue une petite toile d'araignée ; cette espèce, du genre *Théridion* [1], grosse comme une tête d'épingle, que je trouvai au milieu de sa toile, ne subsistait probablement que d'une sorte de *psocus*, ou pou de terre très-petit, qui était en innombrable quantité dans le nid de nos grandes abeilles. Ces *psocus* couraient avec rapidité sur le dehors des coques et dans leur intérieur, et devaient beaucoup incommoder nos Halictes. Je vis aussi dans ce nid, mais en moindre nombre, une très-petite espèce de fourmi rouge, qui présente une raie transversale noire sur la partie postérieure de son abdomen.

Lorsque je fermai les trous de l'habitation des grandes abeilles, pour extraire le nid entier, il y avait six femelles et deux mâles, dont je m'emparai; une de ces femelles avait sur le côté du corcelet un pou allongé, insecte curieux, être énigmatique, dont je parlerai plus au long dans le dernier Mémoire.

---

(1) Voyez mon *Tableau des Aranéides*, p. 72.

§. III.

Description de la larve du grand Halicte.

La larve a sept à huit lignes de long; elle est d'un blanc-jaunâtre, sans pattes, plus grosse vers la tête. Elle est convexe en-dessus, un peu déprimée en-dessous, et composée de douze anneaux bien distincts ou quatorze en comptant la tête, et le tubercule qui termine le dernier anneau à la partie postérieure. La tête présente, dans le milieu de sa partie antérieure, une très-petite éminence rougeâtre, qui, examinée à la loupe, nous offre deux petites mandibules cornées, pointues, recouvertes à leur partie supérieure par une lèvre ou chaperon, ovale, allongé, épais, proéminent. Si on excepte les trois premiers anneaux du côté de la tête, tous les autres nous montrent une surface fortement mamelonnée, et, sur les côtés, il se trouve à chaque anneau un tubercule proéminent qui sépare le dos d'avec le ventre, et qui tient lieu de pattes; l'intervalle des anneaux est lisse et transparent. Cette larve, ainsi que toutes celles de ce genre, se transforme dans sa coque de terre à nu; elle est lente, paresseuse, mais très-vivace, puisqu'après l'avoir laissée six heures dans l'esprit de vin rectifié, elle s'est trouvée encore en vie au bout de ce temps.

§. IV.

Description de la Nymphe du grand Halicte.

La nymphe est nue, couchée sur le dos dans sa coque; toutes les parties de l'insecte parfait s'y distinguent facilement, mais elles sont blanches et molles. Les antennes sont collées contre la tête, les pattes antérieures contre le corcelet, les pattes postérieures contre le ventre; les ailes sont molles, ployées longitudinalement, et collées contre la partie postérieure des jambes intermédiaires. De deux nymphes que j'ai prises et examinées en même temps, l'une avait les yeux blancs, l'autre les avait noirs comme dans l'insecte parfait, ce qui prouve que cette dernière était un peu plus âgée, et plus près de compléter sa métamorphose.

CINQUIÈME MÉMOIRE.

Descriptions du grand Halicte, *et de l'*Halicte perceur.

J'AI réservé, pour le cinquième et le sixième Mémoire, tout ce qui ne peut être lu et compris que par les entomologistes, c'est-à-dire, les descriptions des principaux insectes dont j'ai parlé dans les précédents mémoires. Et, comme les deux espèces qui ont été le principal but de ces recherches sont du genre Halicte, je m'attacherai sur-tout à les faire bien distinguer des autres insectes du même genre avec lesquels on pourrait les confondre. Ce n'est pas la partie la moins difficile de la tâche que j'ai entreprise.

§. 1er.

Description du grand Halicte *ou* Halicte Ecaphose. *et des espèces qui lui ressemblent.*

Le genre Halicte appartient à la grande famille d'Hyménoptères, à laquelle M. Kirby a donné le nom de *Mélittes,* et M. Latreille celui d'*Andrènètes*. L'un et l'autre naturalistes ont très-bien développé les caractères de la famille et du genre, et je renvoye à cet égard à leurs savants ouvrages : ces caractères se trouveront aussi dans la description de la première des deux espèces [1].

HALICTUS ECAPHOSUS. — *Halicte mineur.*

Femina. 7 lin. 1/2.

Ater pube cinerascente; abdomine ovale sub-convexo, segmentis quatuor margine albis : tibiis, tarsisque pilis fulvo-aureis hirtis.

Mas. 7 lin. 1/2.

Ater pube fulva pallida. Caput infra Antennas hirsutum; labium transversè flavum; abdomine sub-ovale elongato, postice latiore, segmentis quatuor margine albis. Pedes flavi : posticè femoribus nigris, anterioribus subtus fuscis; tibiis posticis liturâ fuscâ.

FEMINA.

HALICTUS QUADRISTRIGATUS. — Latreille. — *Hist. nat. des Crust. et des Ins.* t. XIII, p. 365, n° 1. — Ibid. — *Genera Crust. et Ins.* t. IV, p. 154.

HYLEUS GRANDIS. — Illiger. — *Magaz. fur. Insect. Kund.* vol. V, p. 57, n° 29. — Ibid. — *Fauna Etr.*, t. II, p. 172.

---

(1) Latreille. — *Genera Crust. et Insect.* t. IV, p. 153. — *Nouveau Dictionn. d'Hist. nat.* 2e édit. t. I, p. 501, article Andrénète. — *Ibid.* Dans Cuvier, *Tableau du Règne animal*, p. 512 et 514. — Kirby. — *Monographia Apum Angliæ*, t. I, p. 117-138-229, tab. 2, et t. II, p. 4. — Jurine. — *Nouvelle Méthode de classer les Hyménoptères et les Diptères*, t. I, p. 227.

MAS.

APIS. 21. -- Shœffer. — *Icon.* tab. 32, fig. 19.

ANDRENA QUADRISTRIGATA. -- Spinola.—*Ins. Lig. Fasc. I,* 123—11.

Cet entomologiste a confondu plusieurs espèces en une seule. Il ne peut exister de variétés dans les grandeurs, d'une même espèce, aussi fortes que celles qu'il remarque.

Description de la femelle.

Tête un peu plus étroite que le corcelet presque triangulaire. La *trompe* (ou les *machoires* et la *languette*) allongée glâbre, deux fois plus longue que la tête, dirigée en avant; division intermédiaire de la languette lancéolée. *Palpes maxillaires* ou *extérieurs* de six articles; *palpes labiaux* ou *intérieurs* de quatre articles, le premier courbe et plus allongé. *Tube* ou *gaîne de la trompe* conique, partagée en trois à son extrémité, division intermédiaire échancrée. Les *valvules*, ou extrémités des mâchoires sont courtes, obtuses, ciliées, fendues à l'intérieur. Les *leviers*, ou les *ligaments* de la trompe l'égalent en longueur. Le *nez* ou la partie au-dessous des antennes, proéminent, convexe, triangulaire, glâbre, noir, ponctué, séparé du *chaperon* par un enfoncement. La *lèvre supérieure* ou le *labre* surmonté par une rainure formant un demi-cercle noir et ponctué, et garni à son extrémité de poils ciliés d'un jaune doré. *Mandibules* noires bidentées, dilatées à leurs extrémités, striées sur le dos, très-échancrées; la dent extérieure est allongée et pointue. *Antennes* brunes rapprochées, brisées, renflées vers leurs extrémités ou en massue; composées de treize articles dont les derniers sont d'une couleur un peu moins foncée que les autres : le *scapus*, c'est-à-dire, le second article des antennes, est en forme de fuseau, et beaucoup plus long que les autres; le *pedicellus* ou l'article qui s'insère immédiatement sur le *scapus*, est arrondi et comme globuleux : la *radicule* ou le premier article des antennes sur lequel s'insère le *scapus*, est court, enfoncé, et d'une forme coniquè. Les *joues* sont aplaties, noires, ponctuées. Les *yeux lisses* sont sur le sommet de la tête, et sur une ligne courbe. Il y a des poils jaunâtres sur les côtés et sur la partie postérieure de la tête et dans l'espace qui se trouve entre les antennes [1].

Corcelet ovale un peu convexe en dessus, retréci à sa partie postérieure, ayant la moitié de la longueur de l'abdomen garnie légèrement sur les côtés de poils fauves roussâtres, et noirs; il est en dessus ponctué, et divisé sur le dos par un sillon longitudinal, qui, plus profond à la partie antérieure, forme une échancrure ou un double tubercule. *Ailes* jaunâtres tachées de noir ou enfumées vers leurs extrémités avec des nervures fortes et rougeâtres; une seule *cellule radicale* allongée, pointue à son extrémité; trois cellules *cubitales*, la deuxième ou intermédiaire, petite, presque carrée, reçoit à son extrémité antérieure la première *nervure recurrente*, la troisième, plus grande, resserrée dans sa partie supérieure, reçoit la seconde nervure [2]. *Pattes* brunes garnies de poils roussâtres, sur-tout les postérieures : les *jambes* antérieures n'ont qu'une seule épine à leur extrémité, les jambes postérieures en ont deux; ces épines sont d'un jaune-pâle, transparentes à leur base et à leur extrémité, mais elles sont d'un brun-rougeâtre et plus opaque dans leur milieu : les cuisses postérieures sont extrêmement renflées et garnies de longs poils jaunes en dessous; la

---

(1) Pl. Fig. 1, *e*. (2) Pl. Fig. 1, *d*.

planta, ou cette partie des pattes à laquelle les tarses sont attachés, présente dans les pattes antérieures une échancrure profonde en demi cercle, qui fait face aux épines, et qui n'existe pas dans les pattes postérieures; les *tarses* sont d'un jaune-rougeâtre.

Abdomen ovale allongé, luisant, composé de six *segments*, le dernier petit et renfoncé; des poils gris à la base du premier segment proche le corcelet; bords postérieurs des quatre premiers anneaux garnis de poils blancs couchés qui forment autant de bandes blanches; ces bandes sont resserrées vers le milieu, et souvent interrompues, sur-tout dans les derniers anneaux, qui, dans quelques individus, sont même dépourvus de poils. Le dernier anneau est garni de poils fauves dorés, mais ayant en dessus un sillon longitudinal, que M. Illiger a nommé *pygidion*[1]. Le *ventre* est garni en dessous de poils fins, longs et jaunâtres, plus abondants vers le corcelet.

Description du mâle.

Le mâle ressemble à la femelle, mais il est plus allongé, et a le corps plus velu[2]. Les *antennes* sont plus longues, et égalent au moins en longueur la moitié du corps de l'insecte; elles sont filiformes ou d'égale grosseur, non brisées de quatorze articles; le *scapus* ou fuseau est un peu plus gros, mais non sensiblement plus long que les autres articles : les trois derniers articles sont courbés, le dernier plus que tous les autres, et de plus arrondi à son extrémité : ces *antennes* sont d'un brun-noir en dessus et d'une couleur fauve ou rouge-pâle en dessous, excepté le scapus ou second

---

(1) Voyez la Pl. Fig. 1, *b*. (2) Pl. Fig. 1, *a*

article, et le dernier ou l'extrémité de l'antenne, qui sont entièrement bruns. Les *mandibules* sont petites, aplaties, non striées sur le dos, non dilatées à leur extrémité, se terminant en une pointe aiguë, noire à sa base et à son extrémité, et jaune dans son milieu. Le devant et le derrière de la *tête* sont velus, tout couverts de poils blancs jaunâtres ou grisâtres, plus allongés et plus abondants entre les antennes, où ils sont dirigés en avant, tandis qu'ils sont rabattus comme des cils sur le *labre* ou *lèvre supérieure* ou extrémité du *nez*, qu'ils dépassent; ce labre est d'un jaune-pâle. Le *corcelet* est garni de poils gris-jaunâtres plus abondants en dessous. Les *ailes* sont plus diaphanes que dans la femelle, et n'ont pas un aspect jaunâtre, mais elles sont de même noires ou enfumées à leurs extrémités. Les *pattes antérieures* sont jaunes, excepté l'apophyse de la *cuisse* qui est noire; les *pattes postérieures* ont les cuisses noires, et le milieu de la jambe également noir; le reste est jaune. La *jambe* est moins longue que dans la femelle, et le premier article des tarses, au lieu d'être dilaté comme dans la femelle, est cylindrique.

L'*abdomen* a sept segments; le dernier est renfoncé, et n'a point le *pygidion* ou *sillon longitudinal* qu'on observe dans la femelle : ces segments sont garnis de poils grisâtres, et la partie postérieure des quatre premiers anneaux a des poils blancs abondants et rabattus, qui forment quatre bandes blanches non interrompues. L'anus ou l'extrémité de l'abdomen est garni de poils jaunâtres.

Après avoir donné une description complette de nos Halictes écaphoses, il est nécessaire de faire connaître les espèces avec lesquelles on les a confondus. Ces espèces sont, suivant nous, au nombre de cinq, l'*Halictus sexcinctus ;* une espèce non décrite ou mal décrite, et toujours confondue avec l'*Halictus sexcinctus*, que je nommerai *Halictus zebrus ;* l'*Halictus Nidulans* ou *Halictus quadricinctus ;* l'*Halictus fodiens ;* et l'*Halictus sexnotatus.*

Ces cinq espèces sont à-peu-près de la même grandeur, c'est-à-dire, de quatre ou cinq lignes, et, sous ce rapport, elles diffèrent de l'Halicte Écaphose dont la grandeur est entre six lignes et demie ou sept lignes et demie.

L'*Halictus sexcinctus* femelle est facile à distinguer de toutes les autres espèces par ses belles bandes couleur rouge-jaune, comme de l'ocre, et par les bords antérieurs et postérieurs des deuxième et troisième segments, qui sont garnis de poils ; c'est-à-dire qu'ils ont deux bandes au lieu d'une : la bande antérieure du second anneau est toujours large et visible ; celle du troisième plus étroite est quelquefois peu distincte, parce qu'elle est renfoncée sous le segment précédent, sur-tout dans le mâle, facile à distinguer par ses antennes, jaunes dans le milieu, mais dont les trois ou quatre premiers articles, et les cinq ou six derniers sont noirs. L'*halictus zebrus* ressemble beaucoup à l'*halictus sexcinctus*, mais son abdomen, en dessus, est moins convexe, plus déprimé, plus allongé ; il n'a que quatre bandes, parce que les poils qui garnissent la partie antérieure des segments sont peu abondants, peu longs, se trouvent recouverts par les segments qui les précèdent, et ne peuvent être aperçus qu'en les détachant. Ces bandes sont blanches, et non jaunes, et elles sont séparées par un plus grand intervalle; l'*Halictus zebrus* est d'ailleurs un peu plus grand que le *Sexcinctus*. Le mâle de l'*Halictus zebrus* a six bandes, et est aussi facile à distinguer des autres par ses antennes, qui sont entièrement noires en dessus comme en dessous, excepté le second article, qui a une tache jaune à son extrémité en dessous. L'abdomen de cette espèce est d'ailleurs plus allongé, et d'une forme plus cylindrique que celui de l'*Halictus sexcinctus*, et sur-tout de l'Halicte écaphose. L'*Halictus quadricinctus* a beaucoup de rapport avec l'*Halictus zebrus :* il a, de même que lui, quatre bandes d'un blanc-jaunâtre, mais ces bandes sont moins larges, moins marquées; la première est même interrompue dans son milieu; l'abdomen forme, vers son extrémité, un ovale plus pointu que dans les deux espèces précédentes. Le mâle de cette espèce est aussi très-facile à distinguer par ses antennes qui sont entièrement jaunes, excepté les trois premiers articles, c'est-à-dire la radicule, le scapus et le pedicellus, qui sont noirs; les derniers articles sont jaunes comme tous les autres. L'abdomen a une forme cylindrique comme dans l'espèce précédente. L'*Halictus fodiens* est peut-être l'espèce qu'on pourrait plus facilement, au premier coup-d'œil, confondre avec notre Halicte Écaphose, parce que l'abdomen est de même glabre et luisant, et que les trois premières bandes blanches sont seules très-apparentes, mais elle est plus petite, elle a le corcelet plus velu et garni de poils dorés; et enfin, ce qui est plus caractéristique, les poils blancs qui forment les bandes sont attachés à la partie antérieure des anneaux, et non à la partie postérieure, comme dans notre Halicte Écaphose, et dans toutes les espèces précédentes. Je ne connais pas le mâle de cette espèce. L'*Halictus sexnotatus* ne saurait être confondu avec notre Halicte Écaphose, ni même avec aucune des espèces précédentes. En effet il a les pattes, le corcelet, l'abdomen, d'un noir foncé uniforme, et les poils de son corcelet et de son abdomen sont blancs; ceux qui forment les bandes ou taches de l'abdomen naissent de la partie antérieure des anneaux, comme dans l'*Halictus fodiens;* mais ces poils ne forment que des bandes interrompues dans leur milieu, ou trois franges, ou taches blanches sur les côtés. Le mâle de cette espèce est aussi entièrement noir; ses antennes sont aussi noires, comme dans l'*Halictus zebrus*, mais elles n'ont point de taches jaunes au second article.

Pour faire connaître en peu de mots et de la manière la plus claire les erreurs que l'on a commises en décrivant ces différents insectes, je vais établir leur synonymie.

HALICTUS SEXCINCTUS. — *Femina.*

Long. corp. 5 1/2 – 6 lin.

Niger: capite et thorace, pilis fulvis adspersis; abdomine sex-cincto aut quinque-cincto segmentorum marginibus pedibusque fulvis; segmentis tertium et secundum, anticè et posticè cingulatis, fasciis coadunatis: alis apice fucatis.

HALICTUS SEXCINCTUS. — Latreille. — *Hist. nat. des Crust. et des Insect.* t. XIII, p. 366, n° 2. — *Gener. Crustac. et Insect.* t. IV, p. 154.

ANDRENA RUFIPES. — Spinola. — *Insect. Ligur. Fasc. I*, p. 123, n° 12.

M. Spinola, d'après Latreille, rapporte à cette espèce l'*Andrena Rufipes* de Fabricius, figurée par Coquebert, *Illustr. icon. decas* 2, p. 64, tab. xv. Mais sa grandeur est trop différente, et elle forme une espèce distincte. Quant à l'*Andrena Hirtipes* de Panzer, fasc. 46, tab. 15, que M. Spinola rapporte aussi à cette espèce, elle en diffère beaucoup.

HALICTUS SEXCINCTUS. — *Mas.*

Abdomine cylindrico nigro fasciis sex flavis; segmentis posticè cingulatis; antennis flavis basi, et apice nigris.

APIS. — Geoffroy. — *Hist. abr. des Insect.* t. II, p. 414, n° 13. — Ray. — *Zoolog. universelle*, 31 – 13.

Geoffroy a confondu deux espèces dans la même description

APIS HORTENSIS. — Fourcr. — *Entomol. Paris* t. II, p. 446 – 13. — De Villers. — *Cart. Linn. Ent.* 3 – 318 – 84.

APIS SEXCINCTA. — Fabricius. — *Syst. Entom.*, 387, 54. — *Species Insect.* 485, 73. — *Mantiss. Insect.* t. I, 305–84.

MELITTA QUADRICINCTA, *mas.* — Kirby, 2 – 52.

La description de ce savant entomologiste est faite sur un individu dont les anneaux postérieurs étaient rentrés en-dedans, ce qui arrive fréquemment dans l'état de dessication.

HYLEUS SEXCINCTUS. — Fabricius. — *Entom. syst.* 2 – 304 – 6. — *System. Piez.* 320 – 4.

HYLEUS ARBUSTORUM. — Panzer. — *Faun. Insect. German.* 46 – 14. *Entomolog. Versuch. die Jurin.* etc., 195.

Ce dernier ouvrage a paru aussi sous le titre de *Kritische-revision*, et il forme le premier fascicule du t. II. Dans la figure et la description de Panzer (*Faun. Germ.*), la tache noire des cuisses postérieures n'est pas indiquée. Les bandes sont blanches.

HYLEUS SEXCINCTUS. — Panzer. — *Syst. nom. uber. Schœffers abild.* p. 46, n. 19.

Panzer rapporte à tort cette espèce à la figure de Schœffer, tab. 32, n. 19, qui est le mâle de notre *Halictus Ecaphosus*. Mais il remarque avec raison que, dans l'*Hyleus sexcinctus*, jamais la couleur des antennes ne varie, et qu'elle est toujours jaune dans le milieu, et noire à la base et aux extrémités; il fait son nid dans un sol argileux. Panzer rapporte à tort ici l'*Apis scabiosæ* de Rossi.

HYLEUS ARBUSTORUM. — Trost. — *Beytr. zur. Entom.*, 53 – 593.

ANDRENA QUADRICINCTA. — Olivier. — *Encycl. Meth. Hist. nat. Ins.*, 4 – 138 – 25.

La description des antennes prouve que l'auteur a confondu plusieurs espèces; il a cru à tort que l'Andrène qu'il décrivait était la 4-*cincta* de Fabric.

HYLEUS CINCTUS. — Spinola. — *Insect. Ligur. Fasc. I*, 123 – 12.

ANDRENA SEXCINCTA. — Walckenaer. — *Faune Parisienne*, t. II, 108 – 25.

HALICTUS SEXCINCTUS. — Latreille. — *Hist. nat. des Crust. et des Insect.*, 13 – 366 – 2. — *Gener. Crust. et Insect.*, 4 – 154.

Latreille rapporte à cette espèce l'*Hyleus Xanthodon* d'Illiger, probablement d'après un individu envoyé par Illiger, car celui-ci, (*Magaz. der Insekt.* v. 57, 30), ne donne aucune description.

Terminons cette synonymie en remarquant que cette espèce ressemble beaucoup à l'*Apis Mexicana* de Linné, *Syst. nat.*, 1-953-6, figurée par Christ, *Naturgeschichte von Bienen*, etc., p. 199, tab. 17.

fig. 10. L'*Apis Mexicana* ne paraît différer de l'*Halictus sexcinctus* que par sa taille qui est plus grande, et par ses ailes qui sont d'un noir-bleuâtre. Je soupçonne que Fabricius, qui donne l'Amérique pour patrie à l'*Hyleus sexcinctus*, a confondu ces deux espèces.

HALICTUS ZEBRUS. — *Femina.*

Niger: capite et thorace pilis cinereis adspersis; abdomine quadri-cincto sub-depresso; marginibus segmentorum albis; ano rufo; pedibusque fulvis; alis apice fucatis.

Long. corp. 5 1/2–6 lin.

Cette espèce, que je crois la femelle du mâle suivant, se trouvait dans la collection de M. Latreille, étiquetée comme l'*Hyleus sexcinctus;* mais en la comparant avec cette dernière, et avec l'excellente description donnée par M. Latreille lui-même, on voit qu'elle diffère spécifiquement.

HALICTUS ZEBRUS. — *Mas.*

6 lin. 1/2.

Abdomine nigro, segmentorum marginibus albis sexcincto; antennis totis nigris, secundo articulo subtus flavo.

Apis. — Geoffroy. — *Hist. abr. des Ins.*, t. II, p. 414–13, 2e éd.

Variété à antennes noires.

Apis hortensis. — Fourcroy. — *Entom. Paris.*, t. II, p. 446.

Apis scabiosae. — Rossi. — *Faun. Etrusc.*, 2–105–916.

Rossi cite à tort la figure de Schœffer, t. 32, fig. 19, qui est celle de l'*Halictus Ecaphosus* mas.

Hyleus Scabiosae. — Illiger. — *Fauna Etrusca*, 2–172–916. — *Inseкt. Magaz.*, v. 57–33.

Illiger dit, d'après Rossi, *Primo articulo subtus flavo*, parce qu'il ne compte pas la radicule de l'antenne comme un article.

HALICTUS NIDULANS, — *Femina.*

5 lin.

Niger cinereo-pubescente : abdomine quadri-cincto ; segmentis margine albis postice cingulatis, primum medio attenuatum aut paulò interruptum ; pedibus anoque villoso-fulvis.

MELITTA QUADRICINCTA. — Kirby. — 2 – 51.

APIS FLAVIPES. — Panzer. — 56 – 17. — Ibid. — *Jurinisch. Gatt.*, p. 203. — Jurin. *Hymenopter.*, p. 230.

HYLEUS QUADRICINCTUS. — Illiger. — *Magaz.*, v. 53 – 1.

Un individu de cette espèce m'a été remis par M. Latreille, étiqueté de sa main, comme la *Melitta quadricincta* de Kirby, et la description s'y rapporte. Cette espèce est un peu plus petite que la précédente, le corcelet est moins velu, les bandes sont moins larges, les ailes supérieures sont plus diaphanes et fortement tachées de noir, comme dans l'*Halictus Zebrus.* Mais toute la synonymie de M. Kirby doit être supprimée, et ne convient pas, suivant nous, à cette espèce.

C'est une erreur dans M. Illiger, ainsi que nous le verrons bientôt, de confondre l'*Apis Flavipes* de Panzer, qui est notre *Halictus Nidulans*, avec la *Melitta Fulvocincta* de Kirby. C'est une plus grande erreur encore dans cet auteur de considérer l'*Hyleus Albipes* comme le mâle de l'*Apis Albipes* de Panzer; mais il est vrai que l'*Hyleus Albipes* et l'*Hyleus Abdominalis* sont des espèces très-voisines.

HALICTUS NIDULANS. — *Mas.*

5 lin.

Niger : pube cinereo pubescente, abdomine quinque-cincto cylindrico, segmentis margine albis ; antennis brevioribus flavis basi nigris.

Cette espèce m'a été remise par M. Latreille, comme le mâle de l'espèce précédente. En effet les ailes supérieures sont de même diaphanes, et, sauf les différences de sexes, elle y ressemble beaucoup. Les pattes antérieures sont toutes jaunes, les intermédiaires ont les hanches brunes, et les postérieures ont les hanches et le commencement des cuisses aussi de couleur brune. Les antennes sont entièrement jaune foncé, ou couleur de cire, même à leur extrémité, à l'exception cependant des trois premiers articles, c'est-à-dire, de la radicule, du *scapus* et du *pedicellus*, qui sont noirs. Ces antennes sont aussi plus courtes que dans les espèces précédentes. Cette espèce ne peut se rapporter ni à l'*Apis* 13 de Geoffroi, ni à l'*Hyleus quadricinctus* de Fabricius.

Les antennes seules, indépendamment des autres différences, suffisent pour faire distinguer tous les mâles que nous venons de décrire. En effet ils sont,

1° A antennes toutes noires, avec une tache jaune sur le bord du scapus en dessous; c'est le *Zebrus;*

2° A antennes toutes noires, mais d'un fauve-rougeâtre obscur en-dessous; c'est l'*Ecaphosus;*

3° A antennes noires à leur extrémité et à leur base, et jaunes dans leur milieu; c'est le *Sexcinctus;*

4° A antennes toutes jaunes, excepté seulement les trois premiers articles qui sont noires; c'est le *Nidulans.*

Actuellement, si nous examinons la description détaillée que Fabricius a donnée dans son *Genera Insector.* de *l'Apis quadricincta* (p. 247), qui est devenue dans ses ouvrages subséquents l'*Hyleus quadricinctus*, nous voyons avec assez de certitude que c'est un mâle d'Haliete; sa description paraît convenir à notre Haliete Écaphose, car il dit: *Antennæ supra fuscæ subtus fulvæ, et abdomen cylindricum segmentorum quatuor tanto marginibus albis.* Or, dans toutes les espèces que nous venons de décrire, il n'y en a aucune, autre que l'*Ecaphosus*, qui n'ait que quatre bandes blanches, et dont les antennes soient noires en-dessus, et fauves en-dessous. Ce qui semblerait confirmer que Fabricius a eu cette espèce en vue, c'est que, dans le *Systema Piezatorum* (319-2), il ajoute ces mots à l'*Hyleus quadricinctus: Respublica hujus speciei e 10-12 constat. Nidos aggregatos, connatos, ovatos, duros monothalamos sub terra e sabulo struit.* Fabricius connaissait donc les mœurs de son *Hyleus quadricinctus*, et ces mœurs sont donc semblables à ceux de l'*Ecaphosus:* mais d'abord j'ai tout lieu de soupçonner que Fabricius n'a mis cette note à son *Hyleus quadricinctus*, que parce que je lui avais communiqué antérieurement, à la rédaction de son ouvrage, mes observations sur ce genre. Ceci serait une preuve de plus sur l'identité de cette espèce avec l'*Ecaphosus*, et je n'en douterais pas si je croyais que Fabricius a pu se méprendre sur sa grandeur. Mais comme, dans son *Genera*, il compare l'*Apis quadricincta* à l'*Apis florisomnis*, qui n'a que 3 lignes 1/2, il est impossible de considérer comme une seule et même espèce des insectes de grandeur si différente. D'ailleurs, il y a un caractère indiqué par Fabricius dans son *Apis quadricincta*, qui ne se retrouve pas dans notre *Ecaphosus*, c'est celui des bandes antérieures, qui sont interrompues, *segmentorum anteriorum interruptis*. Cette espèce, si la description est exacte, n'est donc aucune de celles que nous avons décrites.

Quand aux divers mâles dont nous venons de donner la description, celui de l'*Halictus Ecaphosus* est le seul pour lequel nous avons une preuve certaine qu'il appartient à l'espèce à laquelle nous le rapportons. Les autres sont seulement nommés d'après des analogies, mais d'après des analogies et des ressemblances qui trompent peu. Si cependant on apercevait quelque erreur à cet égard, il n'y aurait que le nom à changer; la synonymie et les remarques qui les accompagnent n'en seraient pas moins exactes.

HALICTUS FODIENS. — *Femina.*

5 – 5 1/2 lin.

Niger: thorace pedibusque hirsuto-fulvis; abdomine dorso pellucido tri-cincto; segmentis, tribus fasciis margine albis, postice cingulatis, medio atenuatis.

ANDRENA FODIENS. — Coquebert. — *Illustr. Iconogr.* decas III, 98, tab. 22, fig. 8.

Mais la synonymie est fautive; l'*Apis* 7 de Geoffroi n'a que 3 lignes 1/2.

HALICTUS FODIENS. — Latreille. — *Hist. nat. et génér. des Crust. et des Insectes*, t. XIII, p. 367 – 3 — *Gener. Crust. et Insect.*, t. IV, p. 154.

Dans ce dernier ouvrage, M. Latreille a retranché avec raison une partie de la synonymie insérée, mais avec doute, dans le premier. Sa description est excellente.

MELITTA XANTHOPUS — Kirby. — *Monogr. Apum*, 78 – 34.

On peut, ainsi que l'a fait M. Kirby, rapporter avec doute à cette espèce l'*Apis maxillosa* de Christ, *Hymenopt.*, p. 179, tab. 14, fig. 7. La description de Christ convient assez bien, mais le corcelet de son espèce n'est pas velu; il lui donne 7 lignes de longueur, et, dans sa figure, les bandes blanches ne sont pas seulement amincies dans leur milieu, mais interrompues. Cette espèce de Christ est, ainsi que l'a fort bien remarqué M. Kirby, bien différente de l'*Apis maxillosa* de Linné, à laquelle cependant Christ l'a rapportée.

HYLEUS XANTHOPUS. — Illiger, v. 56 – 24.

HALICTUS SEXNOTATUS. — *Femina.*

5 lin.

Aterrima, pube incana; abdomine segmentis tribus intermediis basi utrinque albis; alis apice nigris.

MELITTA SEXCINCTA. — Kirby. — *Monogr. Apum Angliæ*, 2-82, *femina*, tab. 15, fig. 7, *masc.* ibid., fig. 8. — Illiger. — *Insekt. Magaz.*, v. 57, 27.

Cette espèce n'a plus aucun rapport avec notre *Halictus Ecaphosus*, mais elle en a un peu avec la précédente, cependant elle s'en distingue facilement : les ailes sont noires, du moins à leurs extrémités, le corps d'un noir foncé ; les bandes des anneaux interrompues dans leur milieu. Le mâle est semblable à la femelle ; ses antennes sont noires et courtes, son abdomen cylindrique.

§. II.

*Description de l'*Halicte perceur, *et comparaison des espèces qui lui ressemblent.*

Dans la description que je vais donner de l'*Halictus terebrator*, j'omettrai ce qui concerne les organes de la bouche, et en général tout ce qui est caractère générique, puisque ces caractères ont déja été développés dans la description de l'*Halictus Ecaphosus*.

HALICTUS TEREBRATOR. — *Femina.*

3 1/4 — 3 1/2 lin.

Fuscus-rufescente pubescens : abdomine subtomentoso elongato sub-pyriforme; tergo sub-depresso; segmentis margine fulvis intermediis basi utrinque obscurè albis pilis ciliatis; alæ apice pellucidæ iricolores.

HALICTUS TEREBRATOR.—*Mas.*

3 lin. 1/2.

Fuscus : abdomine elongato cylindrico, tergo convexo, segmentis margine pallide fulvis, intermediis basi utrinque obscurè albis pilis ciliatis. Alæ apice pellucidæ iricolores; antennæ nigræ. Pedes flavi, femoribus fuscis, tibiis litura fusca. Labrum flavum, facies ante antennas tomentoso-argentea.

FEMINA.

MELITTA FULVOCINCTA. — Kirby. — *Mon. Ap. Angl.*, 69 – 28; *Varietas* β *aut* γ.

M. Kirby cite Muller, *Zool. Dan.* n° 1619, mais, comme je n'ai point ce livre sous les yeux, et que M. Kirby nous paraît confondre deux espèces dans une même description, je ne puis décider si cette citation appartient à notre *Halictus terebrator.*

HYLEUS FULVOCINCTUS. — Illiger. — *Magaz.*, V. 55 – 18.

La synonymie est inexacte, et Illiger n'a pas bien connu cette espèce. Notre citation ne s'applique donc qu'à la phrase de M. Kirby qu'il a transcrite.

APIS 7. — Geoffroy. — *Hist. abr. des Insect. des envir. de Paris*, t. II, p. 411.

La description s'accorde bien, mais Geoffroy dit que les bandes sont blanches; elles sont toujours fauves dans les individus que j'ai pris. La citation se rapporte donc à la variété β de M. Kirby.

APIS FODIENS. — Fourcroy. — 2 – 444 – 7. — Ray. — *Insect.*, p. 244, *Apis silvestris in terra foramen sibi fodiens?*

MAS.

APIS BICINCTA, *die Zweybändige Biene.* — Schrank. — *Enum. Ins. Austriæ*, p. 411, n° 826. — Ibid. — *Fauna Boica*, 2 *B*, 2 *th*, p. 400, n° 2264.

APIS BICINCTA.—Gmelin.—*Linn. Syst. nat.*, t. I, part. V, p. 2787, n° 140.

APIS BICINCTA (*la Cordelière*). — Villers. — *Car. Linn. Entom.* 3 – 305 – 41.

Gmelin et Villers ont seulement copié la description de Schrank.

HYLEUS ANNULATUS. — Panzer. — 55 – 3.

Cette espèce n'est pas, comme le croit Panzer, l'*Apis Annulata* de Linné, qui n'appartient pas même à ce genre, et que M. Kirby a décrite et figurée, (t. II, p. 36, tab. 15, fig. 3.) Panzer se trompe encore lorsqu'il considère (*Jurinische Gattungen*, p. 196) son *Hyleus cylindricus* (*Faun. Ins. Germ.* 55 - 2) comme la femelle de son *Annulatus* : le *Cylindricus* de Panzer est un mâle d'Haliete, qu'on doit rapporter au *Melitta-Fulvocincta* de M. Kirby, c'est-à-dire, à la grande variété de 4 lignes 1/2, qui pour moi est une espèce différente.

Description de la femelle.

Tête noire avec des poils fauves pâles; *antennes* noires; *labre* ou *chaperon* avancé, bordé de poils jaunes longs ciliés, qui recouvrent la partie antérieure de la languette. *Corcelet* triangulaire noir, avec des poils fauves sur les côtés. *Abdomen* ovale allongé, plus large vers l'anus, un peu déprimé, brun-luisant, avec le bord des segments de couleur fauve à leur partie postérieure et des poils de même couleur, ce qui forme quatre bandes; les segments intermédiaires, c'est-à-dire le second et le troisième, ont à leur partie antérieure quelques poils blancs peu visibles, qui dépassent sur les côtés les bords des segments qui les recouvrent; le sillon longitudinal ou le *pygidion* a des poils roux; le *ventre* est garni de poils fauves allongés. Les *pattes* sont noires ou brunes, garnies de poils fauves dorés; les pattes antérieures sont courtes, les postérieures beaucoup plus longues. Les *ailes* sont diaphanes, les postérieures beaucoup plus courtes; les *nervures*, et le point stigmate ou cubital, sont jaunes; vues horizontalement, ces ailes présentent des couleurs irisées très-belles [1].

---

(1) Pl. Fig. 2 *b*.

Description du mâle.

Le mâle est semblable à la femelle, sauf les différences suivantes : son *abdomen* est allongé, cylindrique, quoique un peu plus large vers la partie postérieure, il a cinq bandes fauves peu tranchées ; la seconde, la troisième et la quatrième ont à leur partie antérieure des poils blancs sur les côtés ; la *jambe* est jaune au côté extérieur, et tachée de noir du côté du ventre et sur les côtés, mais cette tache n'atteint pas le bas ni l'extrémité qui sont jaunes ; le devant de la *tête* est couvert de poils blancs-jaunâtres-brillants ; le *chaperon* ou le labre est très-avancé et bordé de jaune[1].

Je n'entreprendrai point, comme je l'ai fait pour l'Halicte Écaphose, de déterminer toutes les espèces qui ont quelque analogie avec notre *Halictus terebrator*, et d'en rectifier la synonymie. Je n'ai point pour cela des observations assez nombreuses et assez certaines. Je me contenterai donc de quelques remarques détachées, qui suffiront, j'espère, à l'aide de la figure que je publie, pour faire distinguer notre *Halictus terebrator* de toutes les espèces qu'on pourrait confondre avec lui.

La description de Schrank est la seule qui s'applique d'une manière claire et évidente au mâle de notre espèce. La description que Fabricius a donnée de son *Hyleus similis* (Ent. Syst. Em., t. II, p. 306,

(1) Pl. Fig. 2 *a*, *d*, *e*.

n° 14) est trop vague pour pouvoir conclure d'après elle quelque chose de certain. L'*Hyleus Albipes*, que M. Illiger a voulu rapporter à la *Melitta fulvocincta* de M. Kirby, est une espèce toute différente et facile à distinguer de la nôtre, ainsi qu'on peut s'en convaincre en consultant la figure et la description de Panzer (*Ins. Germ.* 7-15). La *Melitta rubicunda* de M. Kirby (2-53-14), qu'on trouve décrite et figurée dans Christ (p. 190, tab. 16, fig. 10), et qui est bien un Halicte, a beaucoup de rapports avec notre espèce, par la forme de l'abdomen, mais elle est d'un noir foncé, les anneaux ne sont point bordés de fauve, et les poils des segments de l'abdomen sont blancs, et sont interrompus dans leur milieu; c'est l'*Andrena compressa* de ma Faune Parisienne (t. II, p. 105, n° 10), et l'*Apis flavipes* de Panzer (56-17). Cette espèce paraît plus grande que notre *Halictus terebrator;* Christ et Panzer lui donnent 5 lignes de longueur, M. Kirby 4 lignes : l'individu que j'ai sous les yeux n'a que 3 lignes et demie comme l'*Halictus terebrator;* et je soupçonne que l'on considère encore ici diverses espèces voisines comme des variétés d'une même espèce. Il est une espèce d'Halicte constamment plus petite que l'*Halictus terebrator*, qui a des couleurs semblables, et qu'on pourrait confondre avec elle; c'est l'*Halictus minutus* ou *Melitta minuta* de M. Kirby (p. 61, n° 20); elle n'a que 2 lignes et demie ou 2 lignes deux tiers au plus de longueur : elle a, comme l'*Halictus terebrator*, les ailes diaphanes avec des couleurs très-irisées, les anneaux de l'abdomen aussi bordés de fauve : mais d'abord un seul caractère suffit pour la distinguer de l'*Halictus terebrator*, ses antennes sont noires en-dessus et fauves en-dessous, sur-tout vers leur extrémité; l'*Halictus terebrator* les a toutes noires en-dessus comme en-dessous: en outre l'abdomen est proportionnellement moins allongé dans l'*Halictus minutus*, ce qui le fait distinguer au premier coup-d'œil. A l'*Halictus minutus* doivent être rapportées l'abeille désignée par Réaumur, (tom. VI, Mém. 4, p. 95, pl. 9, fig. 1), et l'*Apis minuta* de Schrank (*Enumerat. Insect. Austr.*, p. 412, n° 829.)

Après avoir noté les caractères qui distinguent notre *Halictus terebrator* des espèces analogues, mais cependant considérées comme différentes par les naturalistes, il me resterait une tâche plus difficile à remplir, c'est de détailler les signes constants qui peuvent faire distinguer cette espèce de celles qui en sont tellement voisines, que les naturalistes les plus habiles, et même M. Kirby, les considèrent comme les variétés d'une même espèce. Mais je ne puis me flatter de satisfaire sur ce point les entomologistes. M. Kirby indique trois variétés de la femelle de sa *Melitta fulvocincta*, et trois variétés du mâle. J'ai pris et observé en différents temps plus de cent individus femelles de cette espèce, et plus de vingt mâles, et je les ai toujours trouvés semblables. Je suis donc fondé à croire que les variétés de M. Kirby sont autant d'espèces différentes; mais je ne les ai pas toutes sous les yeux. Je me contenterai de comparer notre *Halictus terebrator* avec la variété la plus grande de la *Melitta fulvocincta*, qui est probablement celle qui a servi à M. Kirby de type pour la description de l'espèce. La *Melitta fulvocincta* a 4 lignes et demie, et par conséquent au moins une ligne de plus que notre *Halictus terebrator;* son abdomen est plus convexe, et les mots *tergo sub-depresso* ne lui conviennent pas; enfin ses ailes sont légèrement lavées de noir à leur extrémité, et ne présentent pas les belles couleurs d'iris que l'on remarque dans celles de l'*Halictus terebrator;* ce caractère est distinctif entre les deux espèces; aussi M. Kirby, dans sa description, dit-il *alæ subhyalinæ apice obscuriores,* ce qui ne peut s'appliquer à l'*Halictus terebrator,* dont les ailes sont *pellucidæ iricolores.* Les mêmes différences se retrouvent aussi dans le mâle de la *Melitta fulvocincta*, ce qui prouve encore mieux qu'elles sont spécifiques. J'ajouterai enfin que, dans la femelle de la *Melitta fulvocincta*, les poils blancs ciliés qui sont à la base des seconds et des troisièmes anneaux, sont plus longs que dans mon *Halictus terebrator*, et forment des bandes complètes, quoique peu distinctes. Ces deux espèces sont semblables dans tout le reste, et il n'y a pas de doute que leurs mœurs et leurs habitudes ne soient les mêmes.

En général, on s'aperçoit facilement que ce genre n'a pas été suffisamment travaillé par les entomologistes, et qu'il se compose de petites familles, qui offrent chacunes des différences dans leurs genres d'industrie et dans leur manière de vivre. Toutes les grandes espèces que nous avons décrites paraissent avoir les mêmes mœurs que l'Halicte Écaphose, et construisent comme lui des nids en terre. Ces espèces se distinguent par des bandes blanches ou jaunes sur le dos, dont la couleur est vive et tranchée; les petites espèces qui percent simplement des trous ont une couleur plus obscure : enfin il en est qui ont un aspect brillant et métallique, qui sont couleur d'or ou de cuivre ou (parmi les espèces exotiques) d'un bleu d'azur : ces espèces doivent constituer une famille différente des deux que nous venons d'indiquer, et une étude plus approfondie de ce genre ferait découvrir des caractères plus importants et plus certains que ceux des couleurs, pour distinguer ces différentes familles. Nos méthodes ont acquis le plus haut degré de perfection, lorsque les groupes que nous réunissons par des caractères communs se composent d'espèces dont les formes et les habitudes sont semblables, et qui, différentes seulement pour les dimensions ou les couleurs, ne paraissent que des variations d'un même type.

SIXIÈME MÉMOIRE.

Descriptions de divers insectes dont il a été question dans les précédents mémoires.

§. Ier.

Description du Cercère orné.

On peut étudier dans M. Latreille (*Gener. Insect. et Crust.*, t. IV, p. 93), dans M. Jurine (*Hyménoptères*, p. 202, Pl. 4, gen. 23), les caractères du genre Cercère, que le premier de ces entomologistes a démembré de celui des Philanthes de Fabricius. Je ne retracerai point ici ces caractères, et je me contenterai de donner une courte description de l'espèce dont j'ai fait l'histoire, et d'en établir la synonymie.

CERCERIS ORNATA. — *Femina.*

4 1/2 – 5 lin.

Niger: abdomine fasciis tribus flavis; secunda et tertia emarginatis; tertia in quinto segmento.

Noir; une bande jaune sur la partie antérieure du second anneau; une autre bande également jaune, fortement échancrée en-devant, occupant le troisième anneau, une troisième bande jaune postérieure échancrée en-devant sur le cinquième anneau.

(*a*) Variété avec deux taches jaunes au quatrième anneau, et corcelet tout noir.

(*b*) Variété avec deux taches jaunes sur la partie antérieure du corcelet proche la tête, sans tache jaune au quatrième anneau.

N. B. Les individus de cette dernière variété paraissent plus grands et plus forts. Est-ce une espèce distincte ?

CERCERIS ORNATA. — *Mas.*

3 3/4 — 4 lin.

Niger : thorace immaculato; abdomine fasciis tribus flavis secunda et tertia emarginatis; tertia in sexto segmento.

Le mâle est plus petit que la femelle. Les bandes jaunes sont moins profondément échancrées, et la troisième bande jaune est placée sur le sixième anneau.

(*c*) Variété avec deux petits traits jaunes sur les côtés au quatrième anneau.

Sphex apifalco. — Christ. — *Hymenoptera*, 270, tab. 26, fig. 6.

Bonne description et bonne figure de la femelle.

Sphex 12. — Schæffer. — *Icon.*, Pl. 262, fig. 1. — Sphex 13. — *Ibid.*, Pl. 262, fig. 2, variété du mâle; et Panzer, *Systematisch. nomenclat.*, p. 209.

Philanthus ornatus. — Fabricius. — *Entomol. System.*, 2 — 290 — 6. — Ibid. — *System. Piez.*, 304 — 11.

Philanthus hortorum. — Panzer. — *Ins. Germ.*, 63 — 9. — Trost. *Beytrag.*, 52 — 579.

Se rapproche de ma variété (*b*); mais elle en diffère, parce qu'elle a non-seulement les deux taches jaunes du corcelet, mais encore les deux taches du quatrième anneau. Elle est aussi plus grande, et a 5 lignes 3/4.

Philanthus hortorum. — Panzer. — *Jurinische Gattungen*, p. 175.

L'auteur remarque que c'est une espèce distincte. Mais il y a tant de variétés que des observations sur les habitudes pourraient seules lever ces doutes.

PHILANTHUS ORNATUS. — Panzer. — 63–10.

Exactement semblable à ma variété (*b*) femelle. Lorsque Panzer, pour faire considérer comme espèce différente son *Philanthus hortorum*, dit qu'il est le double plus grand que le *Philanthus ornatus*, il contrarie ses figures, qui donnent 4 lin. 1/2 au *Philanthus ornatus*, et seulement 5 lin. 1/2 au *Philanthus hortorum*.

PHILANTHUS SEMICINCTUS. — Panzer, 47–24.

Très-semblable à ma variété (*c*) mâle. Mais il en diffère par la bande jaune du dernier anneau, qui ne forme plus que deux traits, et est interrompue dans son milieu. C'est cependant, à ce qu'il me semble, une variété du *Philanthus ornatus* mas.

PHILANTHUS ORNATUS. — Walckenaer. — *Faune Paris.*, 2–96–3.

CERCERIS ORNATA. — Latreille. — *Hist. nat. des Crust, et des Ins.*, t. XIII, p. 317–3.

Bonne description; mais à la seconde ligne, au lieu de *du premier anneau*, lisez *du second anneau*.

CERCERIS ORNATA. — Ibid. — *Gener. Crust. et Insect.*, t. IV, p. 94.

CERCÈRE ORNÉ. — Ibid. — *Nouv. Dict. d'hist. nat.*, t. IV, p. 498; et 2e édit. du même ouvr., t. V, p. 512.

La même correction que dans dans la citation ci-dessus doit encore être faite ici dans la description, et au lieu *du premier anneau de l'abdomen*, il faut lire *du second anneau de l'abdomen*.

PHILANTHUS ORNATUS. — Jurine. — *Hyménoptères*, p. 202.

Voyez Pl. 4, gen. 23, pour le caractère du genre pris d'après les ailes.

CERCERIS ORNATA. — Spinola. — *Ins. Liguriæ*, fascic. 1, p. 99–103.

Dans le nombre des variétés que ce naturaliste indique, et dans les citations qu'il fait, doit nécessairement se trouver le véritable Cercère orné, mais ce n'est pas celui qu'il décrit comme tel en premier; celui-là est une espèce toute différente. Les *Philanthus sexpunctatus* et *quinquemaculatus* de Fabricius, que M. Spinola voudrait faire considérer comme des variétés du *Cerceris ornata*, en diffèrent aussi spécifiquement. L'autre femelle de Cercère, que M. Spinola décrit p. 101, ne paraît pas plus être le *Cerceris ornata* que celle qu'il a décrite en premier p. 99. Enfin, lorsque ce naturaliste cherche à récapituler les marques distinctives des espèces qu'il a décrites, pour les mieux faire distinguer, il n'est pas plus heureux, car il dit : *Segmento quarto semper immaculato.* » Or le Cercère orné femelle a souvent deux points jaunes au quatrième anneau. Ce caractère ne serait donc valable que pour le mâle, qui a ces deux points jaunes au cinquième anneau. Le Cercère orné, si on ne le distingue pas du *Philanthus hortorum*, ne peut cependant se confondre avec aucune autre espèce : celle qui lui ressemble le plus est le *Cerceris emarginata*, dont Panzer a figuré la femelle (63-19) sous le nom de *Philanthus emarginatus*, et le mâle (63-13) sous celui de *Philanthus sabulosus* : mais la femelle de cette dernière espèce a, indépendamment de la bande jaune du second anneau, trois bandes jaunes échancrées, et le mâle en a quatre.

§. II.

Description du Pou de la Melitte, Pediculus Melittæ.

Il est des faits tellement contraires à l'analogie, que l'on a de la peine à les croire, même lorsqu'ils sont attestés par les meilleurs observateurs. Ceux qui sont relatifs aux insectes que nous allons décrire sont de ce genre ; on sait qu'ils sont parasites des abeilles, des andrènétes, des mélittes, et même de plusieurs diptères, et cependant des naturalistes instruits prétendent que ce ne sont point des insectes parasites de la classe des insectes aptères, comme les pous, les ricins ou autres, mais des larves d'un coléoptère très-gros, du Méloé Proscarabée. Ils ont vu pondre le Proscarabée, ils ont vu sortir de ses œufs l'insecte que nous allons décrire ; et ces faits observés par Godaert et par Frisch, ayant été vérifiés par Degeer, seraient certains, incontestables, si une seule circonstance ne faisait présumer qu'une cause quelconque a fait illusion à ces habiles observateurs. Aucun d'eux n'a vu grandir ni se métamorphoser cette prétendue larve. Au contraire, elle a toujours été trouvée petite, ou sur le corps des insectes de la substance desquels elle se nourrit.

Cependant les assertions sont si précises qu'il n'est pas possible, jusqu'à de nouvelles observations, de considérer le *Pediculus Melittæ* comme un insecte parfait de la classe des Aptères. Pour mettre le lecteur à portée d'éclaircir ces doutes, nous rapporterons une synonymie très-complète de cet insecte. L'individu que j'ai décrit diffère un peu de celui de M. Kirby.

Je vais commencer par donner ma description. Je transcrirai ensuite celle de M. Kirby, qui offre quelque différence. Mais le naturaliste ne doit pas oublier que, pour la forme, la grandeur, et tous les caractères essentiels, l'insecte que je décris est exactement semblable au *Pediculus Melittæ* de M. Kirby; ils diffèrent seulement entre eux par la couleur qui est noire dans le *Pediculus Melittæ*, et fauve-claire dans l'individu que j'ai décrit, et par les soies qui terminent l'abdomen; dans le *Pediculus Halicti*, ce le sont les supérieures qui sont les plus longues; dans *Pediculus Melittæ* de M. Kirby ce sont les inférieures: mais ces différences peuvent provenir de la manière dont ces soies étaient dirigées lorsqu'on les dessina, et je considère ces deux individus tout au plus comme une variété d'une même espèce. Très-certainement les observations faites sur l'un seront vraies pour l'autre, et ils sont tous deux également des insectes aptères et complets ou des larves du Proscarabée.

Ils diffèrent tous les deux du pou de l'abeille, parce qu'ils sont plus grands, et que le pou de l'abeille, au lieu d'avoir comme eux une forme cylindrique, a la forme d'une pyramide allongée, et que les anneaux de son abdomen diminuent graduellement en grosseur, à mesure qu'ils se rapprochent de l'extrémité postérieure.

PEDICULUS MELITTÆ.

Testaceus; corpus angustum cylindricum; thorax trium segmentorum; anus setis quatuor instructus, exterioribus longioribus.

Long. corp. o lin. 3/4.

Le *corps* est allongé cylindrique, d'une couleur fauve-jaune uniforme. La *bouche* a deux palpes filiformes; deux antennes sétacées sont insérées sous le rebord antérieur du *chaperon;* elles sont composées de trois articles, le premier plus gros et plus long que les autres, le second renflé à son extrémité, le dernier ou troisième article aussi long que les deux autres, et formé par une soie très-fine. *Tête* aplatie semi-circulaire; deux yeux noirs à la partie postérieure de la tête. *Corcelet* composé de trois segments distincts plus larges que longs; le premier segment ou le segment antérieur est plus grand que chacun des deux autres qui sont à-peu-près égaux. Les *pattes* sont courtes, jaunes, et insérées à la partie postérieure des anneaux; les *cuisses* sont renflées. L'*abdomen* un peu plus étroit que le corcelet et élargi dans son milieu, se compose de neuf anneaux; les deux premiers sont plus grands; ils sont tous excepté le dernier, aplatis, et beaucoup plus larges que longs; le dernier est arrondi à son extrémité et terminé par quatre soies noires très-fines; les deux soies supérieures sont les plus longues, et égalent les deux tiers de l'abdomen [1].

Pris une seule fois sur le bord du corcelet d'un Halicte Écaphose.

(*a*) PEDICULUS MELITTÆ. — *Varietas.*

Niger; ore tibiisque testaceis, corpus angustum cylindricum, anus setis quatuor instructus, exterioribus brevibus.

Kirby. — *Monogr. Apum Angl.*, t. II, p. 168, t. I, p. 253, tab. XIV, n° 11, fig. 10, 11 et 12.

Pris une seule fois sur la *Melitta Fuscata.*

M. Kirby rapporte les observations de Degeer, qui semblent constater que cet insecte est la larve du Proscarabée, mais M. Kirby pense qu'il y a illusion.

Godaert. — *Métam. nat. des Insect.*, t. II, p. 180, n° 42, Pl. 42.

L'auteur rapporte que, vers le milieu de mai, il a vu pondre le Proscarabée dans un trou qu'il fait en terre; il y eut une seconde ponte le 2 de juin, et de ces œufs est sorti un insecte qu'il a dessiné grossi au microscope; c'est notre *Pediculus Melittæ;* cet insecte a grandi jusqu'au 23 juin; depuis, Godaert lui a offert toute sorte de nourriture, et n'a pu l'élever. Godaert a compté d'une seule ponte deux mille six de ces insectes, mais ce n'était pas tout, et, suivant lui, il y en avait au moins trois mille. Godaert rapporte au même insecte un ver qu'il a décrit t. I, p. 122, tab. 74 et 75, qui détruit beaucoup de chenilles, et se trouve dans les lieux obscurs; mais ce naturaliste a confondu deux espèces bien diverses.

Lister. — *Godaertius de Insectis*, p. 292, fig. 120 *a*.

Frisch. — *Insekten*, fasc. VI, p. 15, tab. VI, fig. 2, 3.

La figure est bonne, seulement un grain de poussière qui se sera attaché à l'extrémité des antennes, les aura fait représenter grossies vers le bout; elles sont au contraire sétacées. Les soies terminales de l'abdomen ne sont pas figurées, mais l'auteur en parle dans sa description; il dit que cette larve du

(1) Pl. Fig. 1, *f*.

Proscarabée est d'un jaune-rougeâtre, ce qui s'accorde avec l'individu que j'ai décrit. Du reste il représente dans le même cadre le Méloë Proscarabée mâle et femelle, et c'est des œufs de ce coléoptère qu'il a vu, comme Godaert, sortir en juin le *Pediculus Melittæ*. Il le décrit très-bien, et dit qu'une partie de ces larves meurt par le froid de la nuit, et que ceux qui survivent s'enfoncent en terre pour s'y nourrir, y passer l'hyver, et se métamorphoser au printemps. Godaert et Frisch ne disent point que cette larve est parasite; ils ne l'ont pas trouvée sur le corps d'aucun autre insecte.

Réaumur. — Tom. IV, mém. XI, p. 490, Pl. 31, fig. 17.

La figure est assez exacte, et très-grossie; Réaumur dit avoir trouvé cet insecte sur le corps d'un syrphus, ou d'une mouche en forme d'abeille, à l'endroit où les ailes s'insèrent dans le corcelet. Il dit qu'il est de couleur de café clair, ce qui se rapporte à notre espèce. Il ne dit point que c'est une larve du Proscarabée, et ne parle même pas, dans cet endroit de son ouvrage, de ce coléoptère.

Degeer. — Tom. V, p. 8-12, Pl. 1, fig. 7 et 8.

C'est ici que les observations paraissent précises, incontestables. Degeer a mis dans un poudrier rempli de terre une femelle de Proscarabée: le 18 mai elle a pondu bien avant dans la terre un gros tas d'œufs oblongs, agglutinés, d'une belle couleur d'orange-clair, très-petits; il en est sorti notre *Pediculus Melittæ*, que Degeer a décrit et figuré avec beaucoup d'exactitude. Les individus qu'il a vus étaient tous couleur de jaune d'ocre, ce qui s'accorde avec ma description. En-dessous du devant de la tête, le *Pediculus Melittæ* a deux longues dents semblables à de très-longs crochets déliés, courbés et très-pointus, faits à-peu-près comme les dents des larves des Dytiques et des Hémerobes aquatiques. Chaque patte est terminée par deux longs crochets déliés, entre lesquels il y a une troisième partie large aplatie, et de la figure d'un fer de pique. Au moyen de ces crochets, l'insecte se tient fortement cramponné aux objets sur lesquels il marche; mais il a encore un autre instrument pour se fixer, c'est un mamelon charnu qu'il fait sortir du dessous du derrière, et qui semble être garni d'une matière visqueuse. Degeer reconnaît dans cette larve celle que Godaert et Frisch ont décrite. Il la reconnaît aussi pour l'insecte que Réaumur a trouvé sur le corps d'un Syrphus; et Degeer lui-même découvrit bientôt le même insecte sur le corps d'un Syrphus, la *Musca Intricaria* de Linné. Des mouches communes, lâchées dans le poudrier où se trouvaient un certain nombre de ces larves, furent bientôt assaillies par ces larves; plusieurs sur-tout s'attachèrent à une mouche velue, elles se fixèrent en dessous du corcelet et à l'origine des pattes; mais, cette mouche étant morte au bout de trois jours, elles quittèrent son corps, et se portèrent sur d'autres mouches qu'on leur mit. Elles ne grossissaient pas; Degeer se lassa de leur fournir des mouches, et elles moururent toutes. Degeer s'étonne lui-même de ces faits; il cite Geoffroy dans sa synonymie, et il oublie de remarquer que Geoffroy a dit que la larve du Méloë-proscarabée est semblable à l'insecte parfait, et ce dernier (voy. Geoffroy, *Hist. abr. des Insect.*, t. I, p. 379), qui cite Godaert et Frisch, ne dit pas un mot de leurs singulières observations. Au reste Geoffroy paraît avoir plutôt vu la nymphe que la larve du Proscarabée.

Les observations de Degeer ont persuadé les naturalistes; ils ont, d'après lui, décrit le *Pediculus Melittæ* comme la larve du Proscarabée, ainsi qu'on va le voir par la suite de cette synonymie.

Fabricius. — *Gener. Ins.* p. 79.

Larva Hexapoda, filiformis, lateribus sub-pilosis.

Olivier. — *Coléoptères*, t. III, genre 45, p. 2.

Larve très-petite, hexapode d'un jaune d'ocre, etc.

Ibid. — *Encyclop. Méthod.*, *Insectes*, t. VII, p. 647. — Ibid. — *Nouv. Dict. d'Hist. nat.*, t. XIV, p. 286.

L'auteur, dans ces deux ouvrages et dans le précédent, rapporte en abrégé les observations de Dégeer.

Walckenaer. — *Faune Parisienne*, t. I, p. 267.

Larve d'un jaune d'ocre, munie de deux antennes composées de trois articles, et terminées par un poil, etc.

De Tigny. — *Hist. nat. des Insectes*, t. VII, p. 109.

Larve à six pattes d'un jaune d'ocre, avec les yeux noirs.

Latreille. — *Hist. nat. des Crust. et des Ins.*, t. X, p. 380.

M. Latreille transcrit en entier les observations de Degeer, mais il reproduit les objections de M. Kirby, et il en ajoute de nouvelles. Il assure avoir rencontré plusieurs fois ces larves amoncelées dans l'herbe, et qu'elles n'ont jamais plus d'une ou deux lignes de long. Il lui paraît bien étrange que des larves fussent parasites dans les premiers temps de leur existence, et eussent ensuite une autre manière de vivre. « Ne dissimulons rien cependant, ajoute-t-il, la description qu'on a donnée de la larve de la cantharide ordinaire dans le Journal allemand (*Natur. Forscher.* 23 st. Pl. 1, fig. 6 et 8) paraîtrait appuyer les observations de Degeer. » J'ajouterai que si réellement M. Latreille a vu de ces insectes de deux lignes de long, cela prouve qu'ils grandissent, car celui que j'ai décrit, et celui de M. Kirby, n'avaient pas une ligne de long. Enfin M. Latreille a, dans son plus récent ouvrage, reproduit l'observation de Degeer sans faire aucune objection. Je terminerai cette synonymie par cette citation.

Latreille. — Dans *le Règne animal de Cuvier*, t. III, p. 319.

Larve à six pieds, deux filets à l'extrémité postérieure du corps, s'attachant à des mouches, et les suçant.

§. III.

Description de l'Araignée Andrénivore.

Elle est du genre Lycose dont j'ai développé les caractères dans ma *Faune Parisienne*, t. II, p. 237, et dans mon *Tableau des Aranéides*, p. 10, Pl. 2, fig. 15 et 16; mais je n'ai point encore publié de description de cette espèce.

LYCOSA ANDRENIVORA.

Abdomine dorso antrorsum macula nigra triangulare elongata, postice fascia pallida longitudinale, lineolis albis transversis arcuatis.

Long. corp. 4 – 5 lin.

Araneus pulverulentulus. — Clerck. — *Aran Suec.*, p. 93, sp. 6, Pl. 4, tab. 6, fig. 1.

Bonne figure, mais description insuffisante. La figure 2, renfermée dans le même cadre, est celle de la *Lycosa vorax*, espèce différente que Clerck a cru à tort être la femelle de son *Araneus Pulverulentus*, dont il n'a connu que le mâle.

Aranea carinata. — Olivier. — *Encyclop. Méthod. Insect.*, t. IV, p. 218, n° 71. — Ibid. — *Planch. Hist. nat.*, Pl. 259, fig. 15, a copié et traduit Clerck.

Dusty Spider. — Martyn. — *Aranei*, part. 1, p. 43, spec. 6, Pl. 4, fig. 7. — *Ibid.* — Part. 2, p. 15, Pl. 8, fig. 11, p. 15.

La première figure est copiée d'après Clerck; la seconde d'aprés Albin. Toutes deux sont méconnaissables.

DIE STAUBSPINNE. — Goeze. — *Lister. nat. Gesch. der Spinn.* p. 241, n° 36, a traduit Clerck.

Albin. — *Natur. hist. of Spiders*, p. 27, n° 85, Pl. 17, fig. 85.

LYCOSA ANDRENIVORA. — Walck. — *Tabl. des Aran.*, p. 13, n° 11.

Mandibules rougeâtres : *abdomen* avec une tache plus foncée en forme de fer de flèche à la partie antérieure du dos; partie postérieure du dos avec une ligne longitudinale plus claire, traversée par des chevrons peu arqués, dont le milieu et les deux extrémités étant plus foncés, forment trois rangées de points noirs longitudinaux : *ventre* d'un gris sale : *pattes* fauves régulièrement annelées de noir.

Cette espèce varie du fauve-pâle au brun-foncé; la variété brune que Clerck a figurée est la plus rare dans nos environs : elle n'est pas particulière au sexe. J'ai vu des mâles aussi pâles que des femelles, et, aux différences des organes sexuels près, les deux sexes sont semblables.

J'ai vu fréquemment cette espèce se tenir immobile, les pattes étalées au milieu de l'espace où les *Halictes perceurs* pratiquent leurs trous, et s'élancer ensuite sur ceux que le vent ou quelque autre cause obligeait à se poser un instant à terre. La Lycose vorace, que Clerck a confondüe avec cette espèce, est plus grande, et en diffère par plusieurs autres caractères, que je développerai dans ma nouvelle édition de mon tableau des Aranéides, qui sera incessamment livrée à l'impression.

FIN.

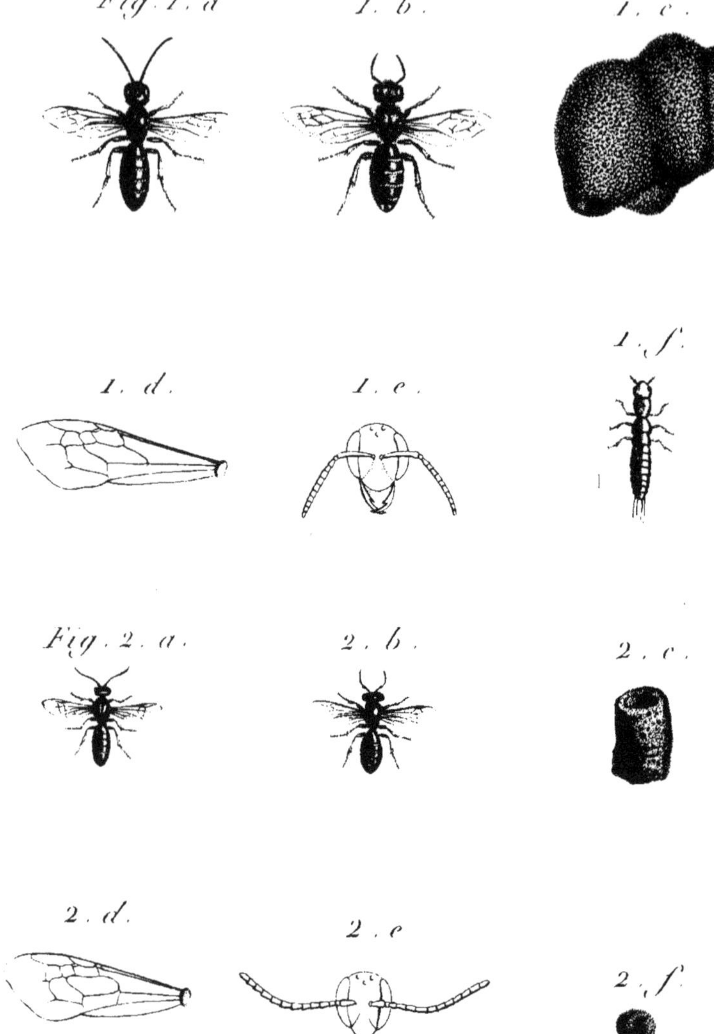

Meunier del. Massol Sculp

EXPLICATION DE LA PLANCHE.

FIG. 1, *a*. Halicte Écaphose *mâle un peu grossi.*

1, *b*. Halicte Écaphose *femelle un peu grossi.*

1, *c*. Deux cocons ou alvéoles en terre détachées du nid des Halictes Écaphoses.

1, *d*. Aile de la femelle de l'Halicte Écaphose *très-grossie.*

1, *e*. Tête de l'Halicte Écaphose femelle, vue de face et *très-grossie.*

1, *f*. Pou de la Mélitte *très-grossi.*

Le petit trait qui est à côté de la figure de l'insecte indique sa longueur.

FIG. 2, *a*. Halicte perceur *mâle un peu grossi.*

2, *b*. Halicte perceur *femelle un peu grossi.*

2, *c*. Entrée du trou de l'Halicte perceur.

2, *d*. Aile du mâle de l'Halicte perceur, *très-grossie.*

2, *e*. Tête du mâle de l'Halicte perceur, *très-grossie.*

2, *f*. Boule de cire formée par l'Halicte perceur.

TABLE
DES MATIÈRES.

www.ingramcontent.com/pod-product-compliance
Ingram Content Group UK Ltd.
Pitfield, Milton Keynes, MK11 3LW, UK
UKHW021822190726
13853UKWH00003B/1120